OF

百科全书

[意]克拉拉 · 瓦达 · 帕多瓦尼　[意]吉吉 · 帕多瓦尼——著

[意]法比奥 · 彼得罗尼——摄影

张建威 张秋实——译

中国画报出版社 · 北京

十个人中有九个喜欢巧克力，剩下的那个肯定在撒谎。

——约翰·图利乌斯

20世纪初，法国德莱斯保罗·哈韦兹巧克力公司（1848—1976年）的广告。

在巧克力中寻求快乐，你不必为此破费太多。

英国爱情小说家卡罗尔·马修写道：

“谁说金钱买不到幸福？那是你没把钱花在巧克力上。”

英国作家奥斯卡·王尔德写道：

“生活中任何有趣的东西，都是不道德、不合法或是使人发胖的。”

然而，巧克力却始终不在其列。

目录

糕点艺术 128

Venchi

快乐巧克力

大家把我们这对从事美食写作的夫妻叫作“巧克力伉俪”。没错，多年来对巧克力的情有独钟，引领我们走遍了世界各地，去了解不同的加工程序，发现巧克力的秘密，学习如何品尝，学会甄别它们的感官特性。我们参观过传统工匠的作坊、现代设备的工厂、“诸神之食”巧克力博物馆和可可种植园。每当打开一根巧克力棒，挑出一种夹心巧克力，啜饮一杯热巧，用茶匙舀起一勺奶油酱，津津有味地咂摸一块巧克力蛋糕时，我们总会沉浸在这种食物所带来的神奇世界中——诱人性感，愉悦满足。

诚然，葡萄酒的天地也能让人领略类似的心旷神怡，但是，可可体验者脸上自然荡漾开的笑容无与伦比。巧克力的历史非常悠久，但对于开化文明的国家而言，它走进我们生活的时间并不算长。巧克力对社会生活、文学和艺术的影响让我们体悟到它所带来的“千姿百态”的快乐和欢愉，而其他食品却力所不逮。

咬上一口巧克力棒，随着它在我们嘴里慢慢融化，味蕾便会邂逅复杂的讯息。每种可可豆的味道都不尽相同，野野地诱惑，香香地袭人，令人回味无穷。你分明可以感觉到来自亚马孙雨林——第一个可可果萌生于此，次第开出袅娜的花朵——先祖们的呼唤，让你联想到树木和咖啡。香草或糖的味道并不夸张，表明可可浆占比较低。这种味道酸苦杂糅，魅惑繁复，令人急切上瘾。

好的巧克力不应该去吃，而应该去品。品味片刻，惊喜便会接踵而至：五百多个芳香的音符宛若一首和谐的交响乐，在我们的上颚回荡，舌尖上的唾液所激活的是一场缠绵不断的欢娱。

英国作家奥斯卡·王尔德（Oscar Wilde）写道：“生活中任何有趣的东西，都是不道德、不合法或是使人发胖的。”然而，数百年来，“诸神之食”却始终不在其列。巧克力和健康两者不可分割，如影随形，许多19世纪的法国医生便已对此深信不疑。今天，最新的科学研究表明，适度、持续地食用黑巧克力，对大脑、心脏和血管都有好处，而它们对情绪的积极影响……

嗯，或许你自己早就有所体验了。

法国作家马塞尔·普鲁斯特（Marcel Proust）称赞“巧克力奶油飘忽不定，稍纵即逝”。我们在此没有必要重读他在《追忆似水年华》一书中关于“玛德琳蛋糕”的描述，但也足见巧克力的味道给一个人童年记忆打上的烙印是多么难以磨灭。老实讲，这种食物给我们夫妻俩所属的这一代人留下的回忆，都是一肚子痛楚：孩提时，这种令人垂涎的东西妈妈往往十分吝啬，她让我们确信只有贪吃鬼才会馋嘴，吃多了会长粉刺（歪理邪说），让人发胖（视情况而定），可这不是真的。偶尔得到个造型像坦克似的巧克力棒尝尝，也总得就着面包吃，这在20世纪60年代初那个时候吃的零食里，是一个例外。

后来，诞生在阿尔巴市（我们生长的城市，到处弥漫着烤榛子和可可的香味）的神秘奶油酱，终于为“污名化”的巧克力正名，进而征服了意大利乃至欧洲的母亲们。在我们的青葱岁月里，只消看上一眼食品储藏柜上的那罐巧克力酱，就足以让我们安心，让我们“快乐”。及至后来长大成人的我们发现了“诸神之食”的迷人世界，才终于“在巧克力中觅得了快乐”。

在巧克力中寻求快乐，你不必为此破费太多。英国爱情小说家卡罗尔·马修（Carole Matthew）写道：“谁说金钱买不到幸福？那是你没把钱花在巧克力上。”

但是，仅仅喜爱巧克力还不够，你还得了解它。事实上，在我们看来，真正的巧克力“美食家”，也就是所说的行家，一定要谙熟这种食物上下五千年的奇妙历史，同时还要熟悉

制作这种食物的神秘原料——可可。你知道巧克力棒是怎么生产出来的吗？其工艺漫长而且复杂，甚至在某种程度上可以用“神奇”二字来形容，能让我们理解人类对那些来自天涯海角的褐色种子的“点石成金”注入了几多激情。此外，巧克力一共有多少种？是只有3种吗？还是更多？

哪些著名的巧克力和蛋糕征服了世上最忠诚、最挑剔的口味？也许可可豆被科学证明了的、无可争议的健康特性会令你感到惊奇，或者当你读到品尝巧克力也会像喝葡萄酒那样涉及五种感官的描述时会惊诧不已。另外，当你吃吉安杜佳榛子巧克力（gianduia）或黑巧时都喝些什么？哪一种算是上乘香味组合？

书中法比奥·彼得罗尼拍摄的精彩照片，一定会点燃你对巧克力的全部热情，恰似古巴驿站巧克力店的食谱秘籍会令你跃跃欲试，一显身手。我们曾经满足过自己对“诸神之食”的所有好奇。希望我们的介绍也能陪伴你走进这个奇妙的世界，并且像我们一样，尽享巧克力给你带来的种种快乐。别忘了细细回味巧克力慢慢融化在嘴里的感觉，还有蛋糕的香味，以及在寒冷的冬夜喝到第一口热巧时油然而生的温馨之感，或者有机会的话从簇拥着黄色或红色可可果的种植园中款款行过。所以，丢掉你的负疚感，让自己心悦诚服地被可可树征服，因为它是上帝赐给人类最奢侈的礼物。

悠悠五千年

咬上一口巧克力棒或让果仁糖在口中幽幽消融时，我们的大脑立刻会接收到一种愉悦感的信号，充满刺激，令人放松，我们姑且将其称为沉溺般放纵，感官由此得到充分的满足。如今，巧克力是平常日子里的趣味，很容易买到，而且谁都能买得起。不过，情况并非总是如此。数百年前，只有世上的精英人士才能享受到这种来自可可的快乐。它曾是欧洲宫廷贵族们啜饮的高级“社交”饮料，在此之前，它是前哥伦布文明时期的酋长们饮用的壮力水。最初，人们喝的全都是液体巧克力，直到1849年，英国富莱父子巧克力公司（J.S.Fry&Sons，1761年由贵格会资本家在布里斯托尔成立）生产出了第一个美味巧克力棒，巧克力才变成物美价廉的固体，走下神坛，走近百姓。“诸神之食”的悠久历史写满了“传统的神话故事”，但其中也有一个不争的事实：通过敲打、烘烤，把一种颜色怪怪的足球形状的果籽第一次制成饮料，是在美洲大陆实现的，比航海家哥伦布在寻找梦寐以求的印度时船队出现迷航还要早很多年。有证据表明，哥伦布率领船队，满载新西班牙（今墨西哥一带——译者注）征服者抢夺来的各色宝贝，于16世纪回到欧洲大陆。起初，欧洲人并不接受这种既冷又酸还辣酥酥的饮料，以至于1565年意大利托斯卡纳旅行家吉罗拉莫·本佐尼（Girolamo Benzoni）在其《新世界史》一书

18：可可树的最早插图之一，选自吉罗拉莫·本佐尼所著的《新世界史》一书

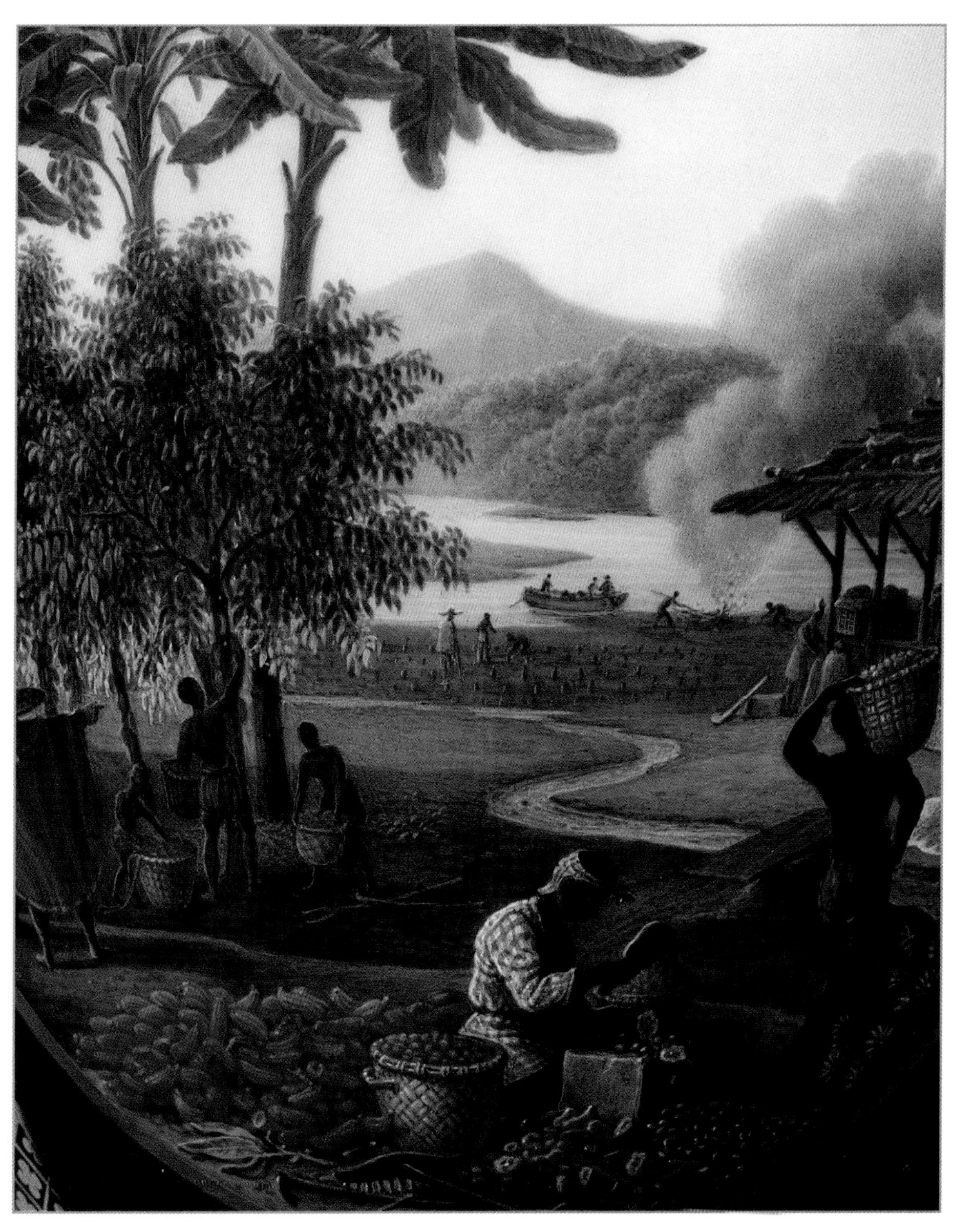

19：法国塞夫尔陶瓷瓶上（1827 年）描绘的人们用砍刀收获可可果时的场景

中，将它定义为“豕饮”。后来，它居然成了一种药物。再后来，人们将其加热加糖饮用，在法国旧制度时期受到了洋派的追捧，使其与茶、咖啡比肩。最后，从19世纪中期开始，英国、都灵和瑞士的能工巧匠和勤勉的巧克力制造商已经能够创造出形形色色的诱人产品，来满足中产阶级对甜品的孜孜追求。

上帝的礼物

有一个关于巧克力起源的神话，可以追溯到阿兹特克人。14世纪出现在墨西哥的前哥伦比亚文明，有一套复杂的宇宙学理论。他们在书中讲述了神如何把这种弥足珍贵的植物赐予了人类：“主宰着晨星和生命的绿咬鹃羽蛇神”，是托尔特克人的国王和领袖；14至16世纪，这个城邦的一切管理皆按祭祀仪式和典礼进行；其中，作为宝物储藏的可可扮演着重要的角色。

西班牙人在他们关于新世界的游记中对此做了详细的描述，然而，中美洲人赋予巧克力的神奇光环遭到了欧洲人的冷遇和怀疑。直到两个世纪后的18世纪中叶，一位瑞典科学家才给“巧克力植物”起了一个学名。著名植物学家卡尔·尼尔森·林奈乌斯（Carl Nilsson Linnaeus，1707—1778年）在植物学中引入了双名制命名法，并在1758年版的《自然系统》（*Systema Naturae*）中描述了这种奇怪的美洲植物。他将这种植物归为神食属、可可种。从此，人们便把可可称为带有异域情调、蕴含天国韵味的“杏仁”。

1576年前后，伯南迪诺·德·萨哈贡在他的不朽作品《新西班牙事物通史》中向读者描述了羽蛇神崇拜。这位方济会修士用西班牙语和阿兹特克语洋洋洒洒地写了12卷关于羽蛇神崇拜的书。这些图文并茂的手稿收录了2000幅土著人的绘画，把墨西哥土著人眼中的宗教仪式和社会生活栩栩如生地呈现出来了。

书中提到，羽蛇神意识到他的人民吃的太差，想把一种植物馈赠给阿兹特克人。这种叫“苦水”（xo-coatl）的植物能结出珍贵的果实，可以用来制作酸辣饮料，让人们朝气蓬勃、精力充沛。传说，墨西哥公主在其夫君为保卫帝国征战疆场之际，专门留在家里守

：手持可可果实的阿兹特克男性雕像

21：阿兹特克人的宇宙绘图（选自《费耶尔瓦里－迈尔手稿》），在右侧方位基点处画有可可植物

护这一宝物。敌人趁其不备，抄了公主的家。他们逼公主说出藏宝地点，但她守口如瓶，最终惨遭杀害。在血泊中，长出了一棵小小的可可树，果实里藏着真正的宝贝——种子，像痛苦的爱一样酸涩的种子，像美德一般坚强的种子，像忠贞烈女的血一样鲜红的种子。后来，羽蛇神将可可作为礼物送给大家，提醒人们铭记公主的忠诚。

传说，长着白胡子的羽蛇神离开了自己的家园，来到人间。当西班牙探险家荷南·科尔蒂斯（Hernàn Cortés）抵达墨西哥时，阿兹特克人认为他就是羽蛇神的化身，向他献上了珠宝和可可种子。

除了神话，从书面文献和考古挖掘出来的手工艺品及祭祀物品中，我们能够看到，在如出生、婚礼和死者祭奠等特殊时刻，可可都不可或缺。

亚马孙饮料

人们一直认为可可产于墨西哥南部（尤卡坦半岛和恰帕斯州、塔巴斯科州、瓦哈卡州）、伯利兹、危地马拉和洪都拉斯之间的中美洲地区。这些说法得到了征服者报告和考古发现的支撑，尽管它们与植物学研究成果——野生可可植物生长在亚马孙森林湿地以及进一步往南的厄瓜多尔、秘鲁和巴西一带——有所区别。最近一项发现证实了博物学家们的观点：在厄瓜多尔南部圣安娜–佛罗里达（Santa Ana–La Florida）的挖掘中，发现了神食的痕迹。由此可见，以当地河流命名的马约·钦奇佩（Mayo Chinchipe）部落，是第一批喝巧克力的人。

美国科学杂志《自然生态与进化》2018年11月报道的这一消息在专家中引起了不小的震动。在厄瓜多尔首都基多以南800千米靠近秘鲁边境的波多卡普斯国家公园里挖掘发现的一些装饰花瓶，令加拿大温哥华不列颠哥伦比亚大学的考古学家迈克尔·布莱克感到惊讶。这些花瓶上留有明显的黑色液体痕迹。加拿大探险队的考古学家所做的检验表明，它们实际上是可可，能够追溯到5300年至2100年前。这一发现有可能将人类第一次食用可可植物的时间提早两千年。

由美国伯克利考古学家罗斯玛丽·乔伊斯领导的美国研究人员在洪都拉斯进行挖掘，也发现了带有可可痕迹的花瓶，它们可以追溯到3000年前。它们是种植的还是野生的？乔伊斯更

22：在危地马拉发现的玛雅花瓶的盖子（600—900年），上面描绘的是可可神的形象

倾向于第一种说法，尽管她相信圣安娜的厄瓜多尔人那时并没有开始种植可可，而只是将其当作热带雨林的野果煮食。在中美洲发现的可可“驯化”的遗传指纹证据可以支持这一说法。

不过，还有一个未解之谜：可可豆是如何走出亚马孙雨林，跋涉数千英里（1英里≈1.6千米——编者注），完成到中美洲高地的迁徙之旅的？毕竟可可豆在收获和储存后便不再萌发。

这可以从下面这个事实中得到证实。当西班牙人和葡萄牙人把种植园从墨西哥迁移到非洲时，他们必须用船把地里的植物在存活状态下运到目的地，然后进行移植。当然，在公元前1000年能做到这一点难度极大。

初尝巧克力：奥梅克人、玛雅人、阿兹特克人

人类学和历史学研究成果表明，中美洲有三个主要族群的人食用过可可，即奥梅克人、玛雅人和阿兹特克人。

最古老的是奥梅克人。他们定居在离今天的墨西哥城不远的地方。他们的文化在公元前1200年前后繁荣起来，持续了大约5个世纪。我们对这个族群知之甚少，因为书面文献凤毛麟角。考古发现表明，他们的艺术表现精美绝伦，饮食基本上以玉米饼为主，而妇女在分娩后需要增加蛋白质和脂肪来母乳喂养孩子，因此，她们会在餐后依靠烘干、捣碎的可可豆来补充能量。

后来，在公元300年到900年，尤卡坦和危地马拉的玛雅文明兴起并达到巅峰。方济会主教迪戈·德·劳达——可悲的是他差不多把玛雅人所有的书都毁了——于1566年在西班牙撰写的日记中写道，当地的习惯是用捣碎的玉米和可可制作带泡沫的“齁咸的”饮料。毕竟那个时候还没有糖，事实上糖是后来从西班牙带到新大陆的。

尽管有西班牙宗教裁判所对异端的审判，但玛雅人的部分书籍还是得以收进《德累斯顿古抄本》。在这些书中，有玛雅人端着装满可可豆盘子的描绘，通过这些描述性文字可以追根溯源，解码“优可可”植物的词源。

1984年，在危地马拉里约阿祖尔的玛雅墓碑中，发现了基座上有14个陶瓷盘子和6个精美的水瓮。其中一个水瓮现存美国新泽西州普林斯顿艺术博物馆，上面描绘了复杂的准备饮料仪式：他们把水瓮擎到约3英尺（约1米）的高度，将液体倒进另一个放在地上的水瓮中，以便形成泡沫。

25 左：在厄瓜多尔的圣安娜－佛罗里达发现的花瓶，上有 5000 年前可可的印迹

25 右：在危地马拉里约阿祖尔考古时，从玛雅人墓中出土的盛放可可的礼器

这样的操作现在仍然在拉丁美洲流行，只不过用上了一根小木棍搅拌器，类似于西班牙征服者引进的香槟酒除泡器。

13 世纪，阿兹特克人将玛雅人置于他们的统治之下，并从他们那里学会了如何食用可可。

多年来一直在研究前哥伦比亚文明的美国夫妇苏菲和迈克尔·科埃在《巧克力的真实故事》（1996 年）一书中声称，玛雅人和阿兹特克人创造了“丰富多样、五花八门的饮料，从面粉类的饮品到粥、粉末，甚至还有固体饮料，而且他们能给每一种饮料都添加各种各样的香味”。

阿兹特克人还开始囤积可可豆。在城邦首府特诺奇蒂兰（Tenochtitlan，现墨西哥城所在地），可可豆被用作货币。那里储存了 9.6 亿颗可可豆。有人甚至用泥土和蜡伪造这种黑色的种子，足见其多么珍贵。

1632 年，西班牙军官贝纳尔·迪亚斯·德尔·卡斯蒂洛去世后出版的《新西班牙征服者历史》一书，描述了蒙特祖马皇帝驾临阿兹特克人盛宴的情景：“他们时不时地用杯子给皇帝奉上一些可可饮料，称喝下去会给女人留下难忘的印象。”书中还描写了皇帝的豪饮：“只见人们准备了 50 多个大水瓮，里面盛有泡沫丰富、用上佳可可做成的饮料，皇帝一边畅饮，女人们一边毕恭毕敬地伺候着……”皇宫里的每个人都喝得很尽兴，尽管喝的没有那么多。单就皇家卫队来讲，每天就得制作两千杯这种黑色泡沫饮料，供他们享用。

26 上：描绘可可饮用仪式的玛雅花瓶，现存美国普林斯顿

26 下：一种传统的木制搅打器，用来打出热巧克力的泡沫

27：石桌上的雕刻描绘了玛雅牧师向可可树致敬的场景

Americain auec
Sa Choco
latiere
et Son
Gobelet
Folio
305
Rameau de
L'arbre du Cacao
Cacao
Gousses de Vanille

1502年，在洪都拉斯瓜纳哈岛外海，欧洲人与巧克力第一次不期而遇。当时，土著人给克里斯托弗·哥伦布端来了几杯饮料，他连尝都没尝一下就捂起了鼻子。直到80多年后的1585年，干可可豆才开始从墨西哥的韦拉克鲁斯被源源不断地运往西班牙塞维尔（今塞维利亚——译者注）港。从那个时候起，巧克力的历史发生了彻底的改变。

征服欧洲客厅

美洲的“发现”对大西洋两岸的饮食习惯都带来了真正意义上的改变。墨西哥本土食物主要是由常见作物玉米做成的玉米饼和玉米粽，极度缺少脂肪；而伊比利亚半岛上的欧洲人食物以肉和鱼为主，不喜欢他们所称的印第安菜。从此，墨西哥人开始饲养从欧洲进口的牛、奶牛、绵羊、山羊、猪和鸡，并学会了如何用这些食材进行烹饪。后来，他们发现了蔗糖。玛雅人和阿兹特克人都不喜欢甜食，尽管他们了解蜂蜜。多年以后，运抵的土豆开始被端上北欧人的餐桌，漂洋过海的番茄开始让南欧人大快朵颐。

然而，在西班牙征服南美洲之后，由于女性的缘故，习俗和传统之间渐渐出现了缓慢的“杂交”。许多墨西哥妇女和西班牙男子成婚或去给西班牙人当差，从而学会了烹饪并制作我们如今所称的“组合菜”。墨西哥瓦哈卡的修女们可能是第一批给磨碎的可可豆加热并用糖来制作巧克力的人。她们吃的巧克力与我们今天所享用的大同小异。但至少在1580年之前，西班牙人喝到嘴里的可可饮料都是又酸又冷的。事实上，这对第一批探险者来说，的确难以下咽。因此，吉罗拉莫·本佐尼在他的书中写道：“它（巧克力）看起来更像是一种给猪喝的东西，而不是供人喝的饮料……它味道很苦，但好就好在有提神保健作用，不会醉人，被印第安人推崇为无价之宝，视若珍馐。”

来自西班牙托莱多的弗朗西斯科·埃尔南德斯医生，率领第一支科学远征队抵达新西班牙，研究欧洲未知的各种不同的植物品种。自1570年起，他在美洲生活了7年。在15卷本《新西班牙植物史》这部里程碑著作中，他描述了当地的动植物种群，还在书中谈到了可可和巧克力。他说，当地人用可可树的种子来制作饮料，因为他们“还没有发现如何酿酒”。这些种子是从一种类似于甜瓜的椭圆形植物中提取的，但是“带条纹，红颜色”。他写道：“这些嫩嫩的种子富含营养，有点酸甜，略显湿凉。”

第一批可可种子似乎是由传教士带到西班牙的。可能是方济会的神父奥尔梅多，或者更

28：一本1685年的法国书中描绘的阿兹特克武士和可可的形象

有可能是科特斯探险队中的西多会教父杰罗尼莫·阿奎莱拉。返回欧洲后，阿奎莱拉优先送了一点宝贝种子给阿拉贡的彼德拉修道院的唐·安东尼奥·德·阿尔瓦罗。1524年，这座修道院实际上成为欧洲第一个制作热巧克力的地方。僧侣们突然间成为这种饮料的热情拥趸，争相传授着配方。在修道院回廊上方的小小“密室”里，流淌着滋润、暖人的喜悦。

于是，这种暗黑而诱人的新美味在教堂间流转，在贵族家分享，在宫廷中饮用。起初，人们把它看作一种药物，但后来，随着味道、刺激性及所谓的治疗功效深入人心，它受到了众人的痴迷追捧。

温暖、芳香、甜蜜的巧克力的“野生”背景早已被人们遗忘。多亏了西班牙人，巧克力开始征服这块古老的大陆。从佛兰德斯到法兰西王室婚礼，女人们爱它如痴如狂。专门饮用巧克力的餐具也应运而生，从带有搅拌孔的巧克力壶到各种形状的杯子，不一而足，有些杯子还带有金属把手的杯托以防被碰倒。为纪念发明者、秘鲁总督、第一个曼塞拉侯爵唐·佩德罗·阿尔瓦雷斯·德·托莱多·莱瓦（1585—1634年），这套餐具被命名为“曼塞琳娜”。后来到了18世纪，人们又发明了一种可以用来避免弄污女士名贵衣服的饮具——防碰杯。这种杯子又长又细，顶部微微展开，边沿固定在盘子上。

30：乔治二世风格的银巧克力壶（约1730年）

31：《图德拉法典》（1553年）中的这幅插图描绘了一名阿兹特克贵妇在准备巧克力

32 左上：这把 18 世纪法国巧克力银壶是皮埃尔·瓦利埃大师的作品

32 右下：德国生产的梅森陶瓷巧克力壶（1735—1740 年）

33 左上：1780 年由意大利皮埃蒙特维诺沃工厂生产的陶瓷巧克力壶

33 右下：由鲍尔－布莱克公司生产的配象牙搅拌器的美国巧克力银壶（1860—1874 年）

34 左上：奥地利维也纳杜·帕其业陶瓷厂生产的防碰杯（约 1740 年）

34 右下：法国埃蒂安－让·查布里工厂生产的塞夫尔陶瓷防碰杯（1776 年）

35 上：雅致的维也纳巧克力套装，配有金柄陶瓷杯和玻璃杯（约 1735 年）

35 下：维也纳生产的无把花色图案防碰杯

多年来，做上一手好巧克力始终是“西班牙的秘密”，不过，这种垄断地位很快就被打破。第一个在意大利美第奇宫廷里取得成功的是旅行家弗朗西斯科·德安东尼·卡莱蒂。1600年，他到访圣萨尔瓦多和危地马拉，在那里见识了可可种植园。1606年返回佛罗伦萨后，他以手稿的形式向托斯卡纳大公费迪南多·德·美第奇呈上了自己的科学报告。然而，他的这项研究百年之后才得以发表，不过，科学家弗朗西斯科·雷迪医生在其《托斯卡纳酒神》（*Bacco in Toscana*）一书中提及了这项研究，引起了大公科西莫三世的兴趣。

在巴洛克时期，佛罗伦萨特产的茉莉巧克力尤其受到人们的欢迎。1585年，西班牙国王腓力二世的18岁公主凯瑟琳·米歇尔和萨伏依公爵卡洛·埃曼努埃莱一世喜结良缘，可可豆随之现身都灵。尽管没有文献佐证，但新娘带来的“西班牙嫁妆”中可能就包括“印第安

汤”——这是当时人们对热巧克力的称呼。

几年后，从17世纪中叶到18世纪初，“诸神之食”促进了社交服装和传统的变化。尽管价格低廉、容易制作的咖啡正在征服新兴中产阶级，但巧克力却登堂入室，在追求性感妩媚的绅士淑女的客厅里找到了一席之地。

由于两位年轻王室成员——西班牙国王腓力三世的女儿奥地利的安娜公主和法国波旁王朝国王路易十三——喜结连理，法国旋即被巧克力征服。红衣主教黎塞留和1659年与路易十四成婚的玛丽娅·特蕾莎，先后把巧克力引进凡尔赛宫。是年，制售“成分尚未确定的巧克力”的“许可证”颁发给了巧克力大师大卫·夏洛。玛丽娅·特蕾莎自己说：“巧克力与国王是我的最爱。”

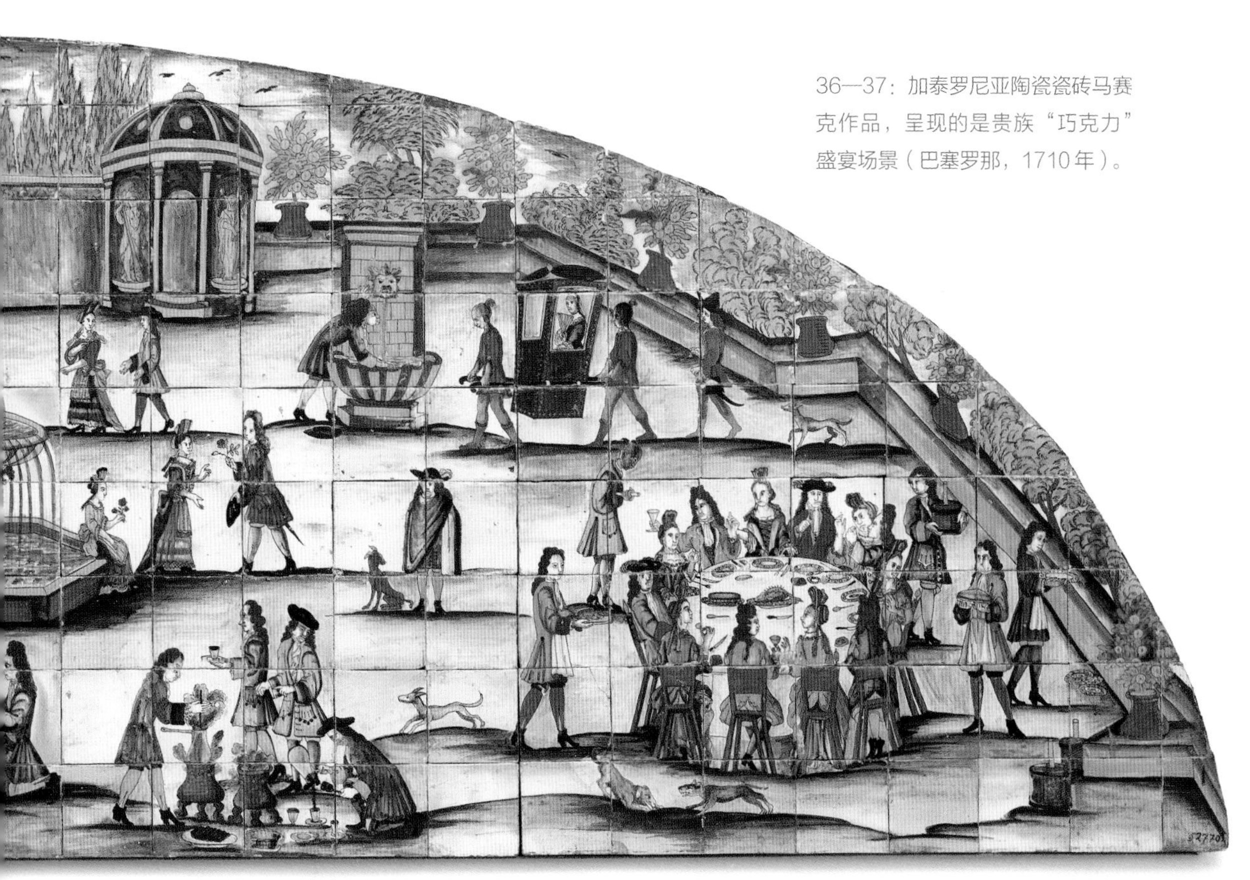

36—37：加泰罗尼亚陶瓷瓷砖马赛克作品，呈现的是贵族“巧克力”盛宴场景（巴塞罗那，1710年）。

作为优秀航海家的荷兰人，成功地从西班牙人手中夺走了可可的贸易垄断。1634 年至 1728 年，阿姆斯特丹成为北欧的主要进口中心，这要归功于吉普斯夸公司，而尼斯（当时是萨伏依的一座城市）和塞维尔则是南欧的进口中心。也正是荷兰人促使在西班牙教会地区以外的人们养成了喝热巧克力的习惯。

1641 年，纽伦堡博物学家约翰·乔治·沃尔卡默从意大利旅行归来。他认为可可是一种壮阳药，可可豆从此进入德国。

1678 年，生活在柏林的宫廷御医、荷兰人康尼利厄斯·邦特科发表了有关茶和巧克力的著作。正是他推广了巧克力的药用价值。

38：1762 年，奥地利皇后玛丽亚·特雷莎宫里的圣诞早餐。女大公玛丽亚·克里斯蒂娜绘

与此同时，巧克力紧随咖啡（来自非洲）和茶（来自亚洲）之后，翩然来到英国。1650年，牛津第一家咖啡馆开门纳客，经营这三种外来饮料。1657年，伦敦开设了第一家可可店，由一位法国人管理。英裔多米尼加人托马斯·凯奇的著作《西印度群岛新调查》（1648年），为"巧克力"一词的词源学考证做出了贡献。在阿兹特克语中，"atl"的意思是"液体"，也指水在碗中与可可混合时发出的声响。

可以说，从17世纪中叶开始，可可饮料便征服了整个欧洲，尽管它还只是贵族宫殿和知识分子及艺术家光顾之地的奢侈饮品。

39：让·巴蒂斯特·夏庞蒂埃·勒维的名画《 一杯巧克力》（1768年）

医学和神学之争

在一杯杯滚烫的巧克力变得司空见惯之前，有些人对其将信将疑，有些人则趋之若鹜。医生们开始争论，他们分成了两类：一类相信巧克力能治愈许多疾病，另一类则认为巧克力实属邪恶食物。1592 年，腓力二世宫廷御医奥古斯丁·法尔芬神父在墨西哥写的《解剖学和外科学及一些疾病的概述》一书中，首次对可可的药用疗效进行了分析。奥古斯丁神父认为，可可有助于治疗产后妇女的乳房皲裂，并建议把可可作为一种泻药使用——每天清晨喝上一杯可消除肾结石。

很快，一场激烈的辩论开始了，特别是在西班牙，许多观点针锋相对。1616 年，安达卢西亚人巴托洛梅奥·马拉多恩指责巧克力是栓塞和水肿（积液）的罪魁。1631 年，安东尼奥·科尔梅内罗·德·莱德斯马用他那本畅销书《巧克力属性与质量趣谈》作为回应，还附上了一份爆料"西班牙秘密"的配方。在众说纷纭的争辩中，有人认为喝巧克力会发福，有人认为能养胃，有人认为能令人神清气爽，有人则默默陶醉于每小时喝上一杯。科尔梅内罗医生却主张，不要对"这么好、这么健康"的饮料横加斥责。后来，又有几本力挺巧克力的书面世，如英国人亨利·斯塔布斯 1662 年的力作《印第安美食》。这本书是在一位里昂商人的提议下在法国出版的，随后，这位商人也推出了自己的作品《咖啡、茶和巧克力的饮用》（1671 年）。

然而，健康问题并不是"诸神之食"争鸣的唯一原由。从 16 世纪末叶到 17 世纪中叶，另一场宗教之争在旧大陆上展开：如此提神的饮料是否打破了教会的禁食传统？换言之，应当视其为一种简单的液体，故而在教会教义中予以承认呢，还是认定它就是一种真正的食物？

"印第安汤"最强有力的支持者是耶稣会。这一最大的天主教修会由依纳爵·罗耀拉在西班牙创立。17 世纪，耶稣会坐拥一支由 16000 名修道士组成的强大的信徒大军。他们能够长期深入巴西、巴拉圭，特别是墨西哥的可可种植园进行传教，施加影响。

与之分庭抗礼的，是笃信正统教义的多米尼加修道士。他们反对在宗教斋戒期间食用巧克力。这个问题归因于塞维尔的一位医生，1591 年他出版了第一本书《印第安人奇妙的问题与秘密》。在书中，他声称可可也含有黄油，能让人发胖，"仅凭这一点巧克力就足以成为破坏斋戒的理由"。由这个观点生发开来，在禁食期间喝巧克力的人都是罪人。数年后，耶稣会神学家安东尼奥·埃斯科巴·门多萨神父回应了这个问题。他写道，只要加的是水而不是牛

41：西班牙历史学家安东尼奥·德·莱昂·皮涅洛的著作（1636 年），论及了教会禁食和巧克力的"道德问题"

QVESTION MORAL
Si el Chocolate quebranta el
ayuno Ecleſiaſtico.
Trataſe de otras bebidas i confecciones
que ſe vſan en varias Provincias
A D. Garcia de Avellaneda y Haro Conde
de Caſtrillo de la Camara de ſu Mag.d
Comendador de la Obreria de los
Conſejos de Eſtado y Guerra
Caſtilla y Camara y Governador
del Real de las Indias.
Por el Lic.do Antonio de Leon Pinelo.
Relator del miſmo Conſejo.
Famam abſtinentiae in delicijs quaerimus. S. Hieron.
Non eſt hoc ſuſcipere abſtinentiam ſed imitari Luxuriam. S. Auguſt.
I. de Courbes F.
En Madrid. Por la Viuda de Iuan Gonçalez. Año. 1636.

奶，就允许饮用可可制作的饮料。

这个不容小觑的问题严重到令好几位教皇纠结不休，从赢得了希腊莱潘托海战的教皇庇护五世开始，概莫能外。1569 年，尝过这种饮料的他便无法自拔。于是，这位教皇决定，只要是用水调制出来的，就不能算是破坏斋戒。对这个问题感兴趣的还有教皇克莱门特七世奥尔德布兰迪尼、乌尔班八世、克莱门特九世、兰贝蒂尼教皇和博洛尼亚的本笃十四世。

为了解决这个棘手的问题，红衣主教弗朗西斯科·玛丽亚·布兰卡西奥的著作《巧克力真相》应运而生。红衣主教在书中称，热巧克力成为饮料纯属偶然，但它终究还是液体，所以教会禁食期间可以饮用，毕竟“饮品不会干扰斋戒”。

艺术作品中的巧克力

18 世纪，跻身欧洲贵族的巧克力的地位得以稳固下来。从都灵到巴黎，从伦敦到维也纳，到处都迎来了巧克力的“黄金时代”。在这一时期，旧制度（Ancien Régime）尚未消弭，巧克力赋予众多艺术家以灵感。他们用如椽画笔、曼妙诗行和动人旋律来尽情描绘巧克力。彼得罗·隆吉（1701—1785 年）的名画《清晨巧克力》就是一个例子。它描绘了一个仆人端着巧克力壶送给贵妇，身旁围拢着她的友人。朱塞佩·帕里尼（1729—1799 年）的长诗《一天》和剧作家卡洛·哥尔多尼（1707—1793 年）的喜剧《对话》，都描写了这种慵懒而诱人的氛围。剧中，伟大的威尼斯作家对热巧的喜爱已然登峰造极：“多么精致的饮料！令我如此沉迷！巧克力啊，你这健康的美味。”沃尔夫冈·阿马多伊斯·莫扎特（1756—1791 年）在其歌剧《女人皆如此》中的表白亦有异曲同工之妙。在第一幕的一个场景中，女高音、小仆人德斯皮娜在为女主人准备早餐：“多么悲惨的日子 / 一个女仆的生活！……忙活了半个小时 / 现在巧克力已经做好。尽管我已 / 垂涎三尺，但我就只有站在这里闻味儿的份儿吗？”不过，最具标志性的场景，仍然是 19 世纪初美国糖果业选中的《巧克力女孩》。1745 年，这幅画由瑞士艺术家让 – 埃蒂安·利奥塔德在玛丽亚·特雷莎的哈普斯堡宫廷逗留期间用彩色铅笔创作，现藏于德国德累斯顿古代大师画廊。这幅画笔触精到，细节栩栩如生。在闪亮的烤漆托盘上，放着一只配有“曼塞琳娜”固定餐具的防碰杯，旁边还有一杯水，使人忆起精致的早餐仪式，管窥温馨的家庭生活，而清晨热巧克力啜饮仪式则是其中的高光时刻。

43：威尼斯人彼得罗·隆吉的油画《清晨巧克力》（1775—1780 年）

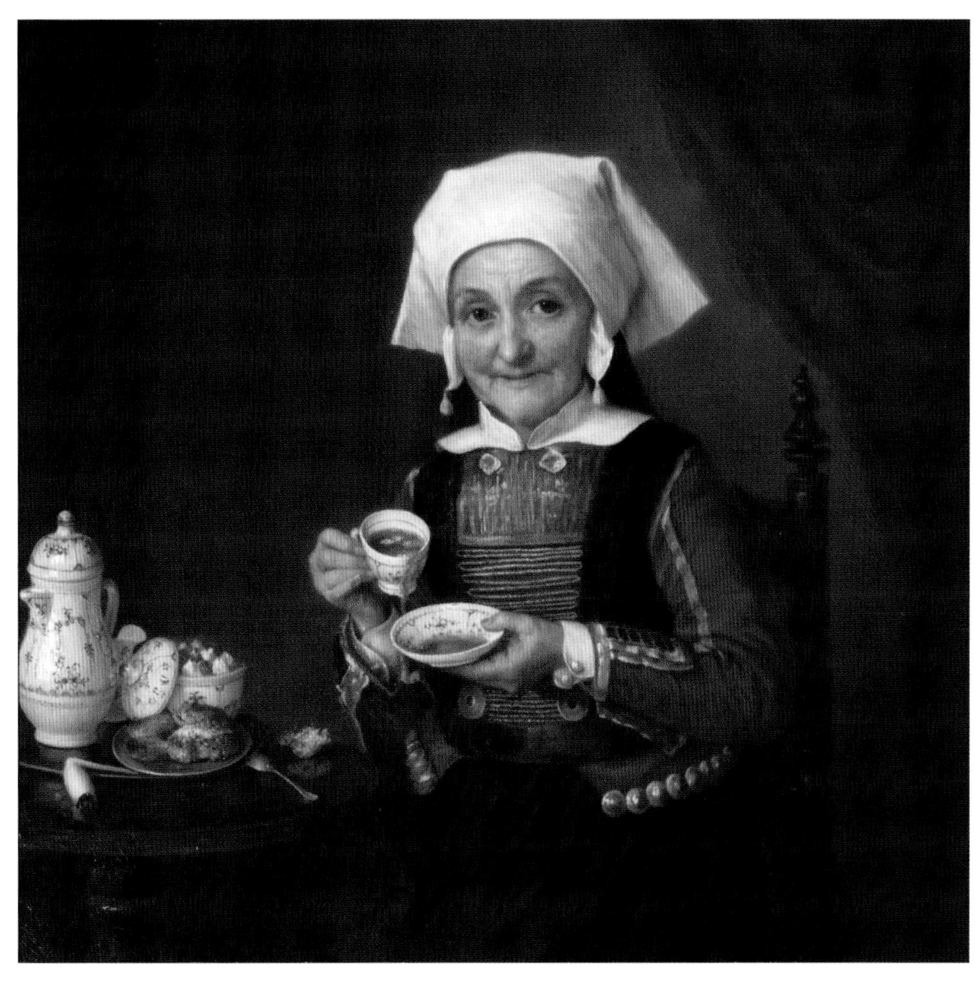

44：瑞士画家让－埃蒂安·利奥塔德的画作《巧克力女孩》（1745 年）

45：《荷斯坦农妇》（德国汉堡），画家弗里茨·韦斯特法尔创作（1867 年）

荷兰革命与英国革命

19 世纪初，巧克力在欧洲可可贸易中心阿姆斯特丹创造了历史。所谓的“荷兰革命”始作俑者是化学家科恩拉德·J. 梵豪登。1828 年，他和父亲卡斯帕鲁斯开办了一家巧克力工厂。在一间小小车间里，两位工匠制造出来一台液压机，用碱性盐（镁钙钾溶液）将可可豆磨成可可粉。多亏了这个后来被命名为“荷兰化”的碱化处理法，人们才能够将占可可豆 50% 的脂肪提取出来，第一次制造出可可脂。也正是因为有了这项发明，才使得“诸神之食”从液态变为固态成为可能——将黄油加入烘烤的可可浆中便能制作出固体巧克力棒，在人体温度下即可融化，但“只融在口，不融在手”。

19 世纪，可可加工的糖果业方兴未艾。在英国布里斯托尔市，富莱公司的一批贵格会药剂师（参与恪守加尔文主义教义的新教运动，尤其反对酗酒）认定巧克力生产系道德行为，可作为啤酒和威士忌的替代品。追随公司创始人约瑟夫·斯托尔斯·富莱（1767—1835 年）的脚步，小弗朗西斯发明了第一块真正可以“吃”的巧克力棒。

46：英国富莱公司的广告明信片（1912 年）

47：富莱公司可可粉的广告招贴画（1906 年）

Fry's Pure Concentrated Cocoa

AND MILK CHOCOLATE

1906

ROWNTREE'S
MILK
CHOCOLATE

"Delight
in every bite"

49：英国吉百利公司的明信片（1889 年），鼓动消费者即使在夏季也要喝热巧克力

这个巨大的成功使得该公司华丽转身，成为英国皇家海军的官方供应商，50% 的产量便有了固定的销路。第一次世界大战后，该公司与竞争对手、另一个贵格会成员创建的伯明翰吉百利兄弟公司合并。时至今日，它仍然是世界上最重要的糖果品牌之一。与这两个业内先驱比肩的还有约克郡的朗特里公司。这是另外一个皈依相同宗教信仰的家族。这个糖果品牌始终一路凯歌高奏，直到 1988 年被瑞士雀巢公司收购。

与此同时，在法国，像调和器这样的生产机器也在试验当中。这种研磨机类似于目前仍在用于手工生产橄榄油的机器。它由两个巨大的花岗岩滚轴组成，滚轴在同样是花岗岩材质的碾盘上转动，用来在不断升高的温度下碾碎并混合可可和糖，进而取代了墨西哥发明的耗费很多人力的磨石（一种可用火加热的凹形石）。法国人弗朗索瓦·佩莱蒂埃在这些实验中脱颖而出。他用一台 4 马力的蒸汽搅拌机每天能生产多达 100 千克的产品。于是，蒸汽搅拌机很快便在巴黎的作坊里大行其道，尤其受到与西班牙接壤的巴约纳小镇的推崇，可可豆加工自然也就成了该镇的经济命脉。

48：为向儿童推销牛奶巧克力，英国朗特里公司制作的招贴画。广告词是“口口快乐”

拿破仑、吉安杜佳和瑞士

在特拉法加海战中击败英国人后，拿破仑又战胜了普鲁士人，重新回到欧陆扩张的轨道上来。1806年11月，他来到柏林，实行所谓的大陆封锁体系，拒绝与英伦三岛发生任何商业或海上联系。结果立竿见影：诸如可可和糖这样的殖民地商品身价暴涨，变得奇货可居。法德两国通过从甜菜根中提取糖克服了这一困难，而都灵的巧克力制造商们——他们为整个欧洲提供这种亚高山美食——被迫按照百科全书作家安东尼奥·巴扎里诺写的《理论与实践：

50：19世纪晚期口福莱（Caffarel）公司的广告。正是这家巧克力商创造出了吉安杜佳

国家巧克力替代计划》一书中的配方，制作了一款巧克力替代品。

巴扎里诺在书中建议，用杏仁、羽扇豆和“西洋榛子”代替昂贵的可可。这些东西很容易在距离萨伏依国都都灵几千米远的朗格山和蒙费拉托山上弄到。于是，普罗谢特和卡法雷尔两位工匠取榛子、可可浆、糖各三分之一，制作了一种替代品——闻名遐迩的典型倒立船形的吉安杜奥提（Gianduiotto）。它是世界上第一个包裹巧克力，以都灵嘉年华人物吉安杜佳（Gianduia）命名。那一年是 1867 年。

那时，都灵是南欧传统的自制巧克力之都。在那个年代，许多知名品牌都看到了曙光，

51：莫里昂多和加里格里奥糖果店 1869 年创建于都灵。这是该店 19 世纪的广告海报

CACAO
TALMONE

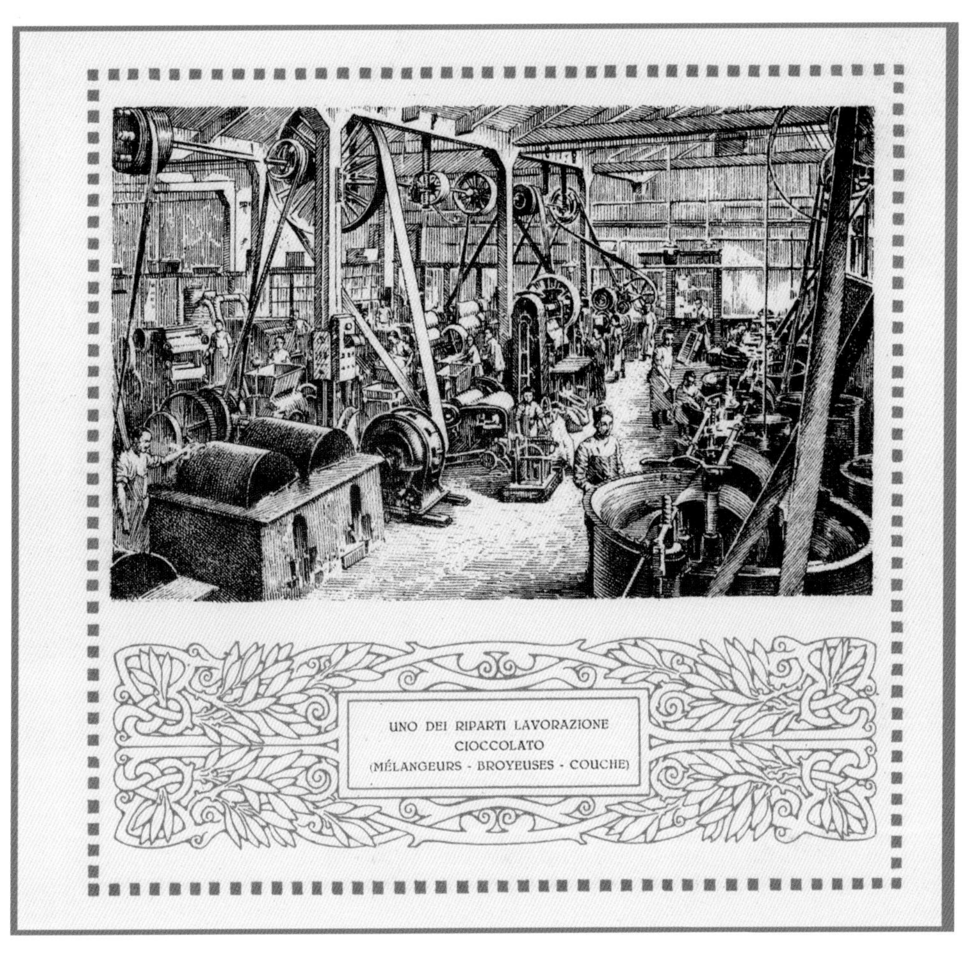
UNO DEI RIPARTI LAVORAZIONE
CIOCCOLATO
(MÉLANGEURS - BROYEUSES - COUCHE)

53：20 世纪初的都灵闻绮可可加工车间（选自 1927 年公司相册）

比如 1878 年开张的西尔维亚诺·闻绮工厂，甚至还有更早的 1826 年的卡法雷尔、1850 年的塔尔莫内和 1857 年的帕斯蒂莉·蕾欧娜。20 世纪初，皮埃蒙特商人里卡多·瓜利诺在国家巧克力合伙人联合会（UNICA）框架下，将众多糖果企业重新整合起来，在都灵开办了一家拥有 3000 名员工的大型工厂并开始投产。企业宗旨是广泛传播“诸神之食”，与生产方式更为严格的布伊托尼·佩鲁吉纳进行直接较量。1934 年，瓜利诺将自己的业务转到闻绮－尤尼卡，合并了两家公司。他一直在这家公司工作到 20 世纪 70 年代。在经历过商海沉浮之后，意大利商人令闻绮公司起死回生，而卡法雷尔如今已经成为瑞士莲集团的一员。

52：塔尔蒙公司的著名广告《两位老人》，1890 年由罗伯托·奥谢设计

54：利昂内托·卡佩罗为都灵闻绮设计的广告海报（约 1921 年）

55：艺术家塞韦罗·波扎蒂在这张尤尼卡公司的海报上签上了自己姓名的缩写 Sepo（1924—1934 年）

56：20 世纪 30 年代流行的瑞士甘耶（Cailler）巧克力海报

在这个拓荒时代，许多踌躇满志的年轻人从瑞士的提契诺州和格劳宾登州来到皮埃蒙特首府，一心想学到一门谋生的手艺。

弗朗索瓦·路易斯·卡利尔就是他们中的一员。1819 年，他在沃韦附近的科西尔创办了瑞士第一家巧克力工厂，开始经销香草和肉桂巧克力。后来，他的公司被雀巢公司——今天世界上最大的食品公司——接手，但总部仍然设在日内瓦湖畔。

虽然在最先接触到“诸神之食”的人中，瑞士人姗姗来迟，但他们却极大地推动了这一

57：20 世纪 30 年代的瑞士雀巢儿童广告

行业的发展。他们的两项发明令所有的巧克力控（这个词用来形容对巧克力“上瘾”的人）永远都心怀感激。第一项发明是牛奶巧克力，1875 年由丹尼尔·彼得根据化学家亨利·雀巢（Henri Nestlé）发明的牛奶配方制作；第二项发明是黑巧克力，1879 年至 1880 年由鲁道夫·林特“发明”。当时林特忘了关掉机器，结果弄拙成巧，使通过添加可可脂进行的加热搅拌过程几近完美，从而激发出了巧克力棒的所有香味。

产品创新告一段落，现在是大工业大显身手的时候了。大卫·史宾利于 1890 年收购了林

CHOCOLAT SUCHARD Editeur PARIS

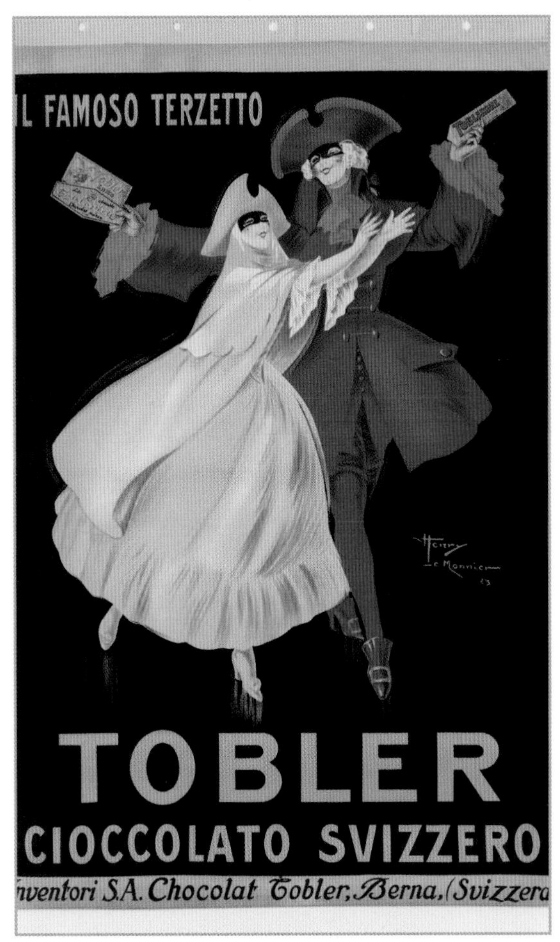

特，如今瑞士莲（Lindt & Sprügli）是世界上最大的糖果品牌之一。1825年，菲利普·祖哈德生产出了第一批瑞士巧克力棒、软果糕和“辉绿石”（diablotin）巧克力甜点。1901年晚些时候，他推出了妙卡（Milka）牛奶巧克力棒。该品牌随后被卡夫食品公司——2012年成为亿滋国际（Mondelēz International，总部位于美国芝加哥附近）——收归旗下。1900年，由西奥多·托伯勒在伯纳发明的三角巧克力（Toblerone），是一种有名的夹心巧克力，也是该公司生产的拳头产品之一，名字由发明者姓氏和意大利语单词“杏仁糖”组合而成。

58：利昂内托·卡佩罗在瑞士祖哈德巧克力海报（1925年）上签名。孩子们再次成为海报中的主角

59：巴黎海报艺术家亨利·勒莫尼耶设计的三角巧克力广告（1923年）

60—61：艺术家约翰·格奥尔格·范·卡斯佩尔在为荷兰卡斯特尔公司设计的海报（1897年）上签名

IONS 24 CT.
STEL

巧克力大鳄

美国宾夕法尼亚州的赫尔希（Hershey），堪称地球上最甜蜜的城市。这里的一切都与巧克力有着不解之缘。位于巧克力大道和可可大道交汇处的博物馆再现了威利·旺卡巧克力工厂的景象，对此，罗尔德·达尔的小说《查理与巧克力工厂》和由蒂姆·伯顿执导的根据同名小说改编的电影都有各自的精彩呈现。街灯的形状恰似美国最著名的巧克力“好时之吻”。这座城市以费城糖果制造商米尔顿·赫尔希的名字命名。1893年，他意识到自己不得不改弦更张：“糖果只是过眼云烟，而巧克力却会青山永驻。”人们将这位商界翘楚视为“美国巧克力之父”。1907年，他推出的“好时之吻”巧克力——用锡纸包裹的平底水滴形状，顶部露出一个小纸条——赢得了消费者的青睐。赫尔希先生还是一位远近闻名的慈善家。他斥资兴建城市医院、学校、银行、图书馆和操场，直到现在，他还拥有慈善机构米尔顿·赫尔希信托公司三分之二的股权，始终对世界上最大的跨国糖果公司的并购提议置若罔闻。一项由尼尔森公司根据全球市场份额进行的排名显示，好时在世界十大巧克力品牌中排名第四，仅次于玛氏（Mars）、亿滋和费列罗（Ferrero）。

美国玛氏在大型巧克力公司中独占鳌头。总部位于弗吉尼亚州麦克莱恩市，自1911年从糖果厂做起，历经四代人的苦心经营，它仍然由创始人克拉伦斯·马尔斯的家族所有。后来，随着1923年银河巧克力的问世，糖果厂摇身一变成了巧克力工厂。1932年，玛氏巧克力棒由该公司英国分公司发明出来，饱含典型的麦芽和焦糖口味。这家公司算得上是世界上最低调公司之一，家庭成员不接受媒体采访，工厂内部也不允许参观。

费列罗集团的思路如出一辙。1946年，这家公司由面包师佩德罗·费列罗在皮埃蒙特州南部的阿尔巴创立。得益于用榛子、可可、糖和植物脂肪制成的名为吉安杜约特（Giandujot）的替代品，他将自己的小手工作坊改造升级成了一个产业。1949年，吉安杜约特演变成了一种面包酱（超级奶油），1964年，老费列罗的儿子米歇尔·费列罗将其命名为“能多益”（Nutella）。除巧克力棒和巧克力之外，一种新型巧克力产品——巧克力酱由此诞生。如今，这家意大利公司已然是总部位于卢森堡的跨国公司，在五大洲有23家工厂生产金德巧克力蛋和榛果威化巧克力（Rocher）。榛果威化巧克力系传统手工制作，现为世界上最畅销的巧克力。

正是由于这些业内大鳄的存在，巧克力如今才能实现批量生产，销往世界各地。但在过去的几年里，美食家当中兴起了消费限量制作的高品质“诸神之食”的时尚，像品酒大师鉴赏美酒一样，诚惶诚恐，趋之若鹜。

63：美国玛氏公司是世界上最大的巧克力制造商。这是该公司20世纪50年代的一则广告

64—65：1911年，美国好时公司为“好时之吻”巧克力制作的海报

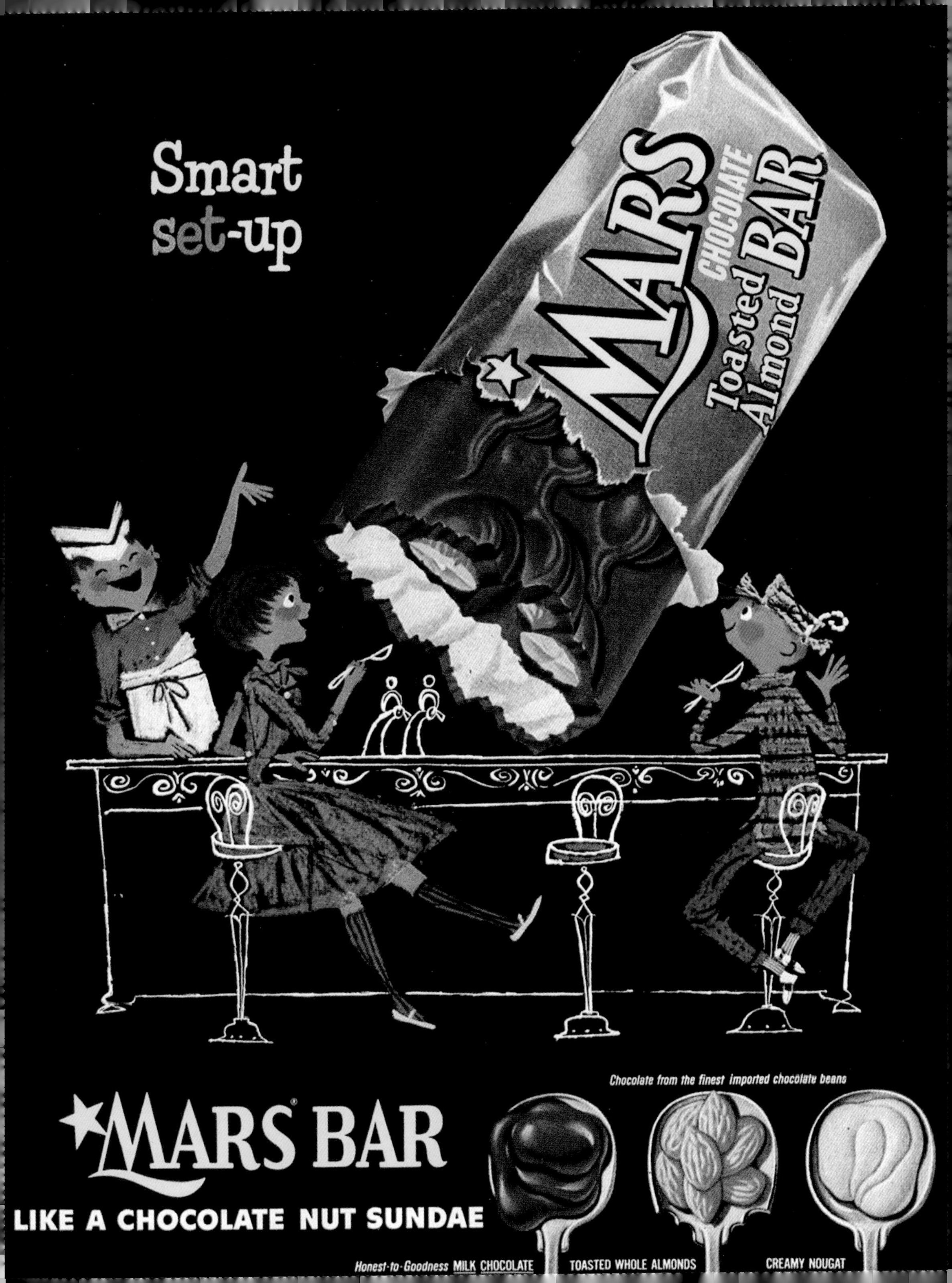

Smart set-up

LIKE A CHOCOLATE NUT SUNDAE

Chocolate from the finest imported chocolate beans

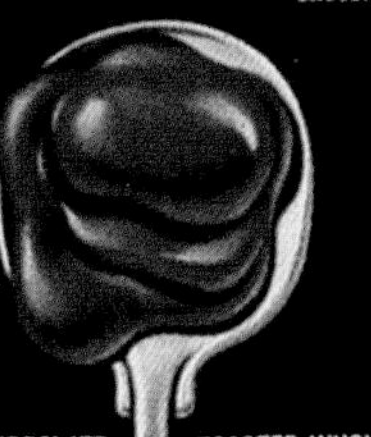

Honest-to-Goodness MILK CHOCOLATE

TOASTED WHOLE ALMONDS

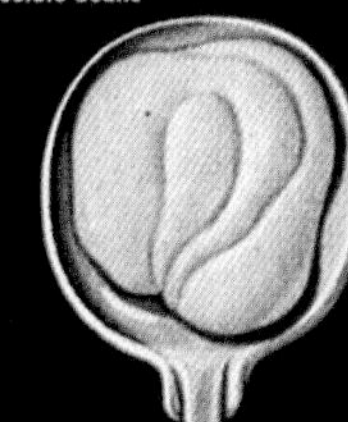

CREAMY NOUGAT

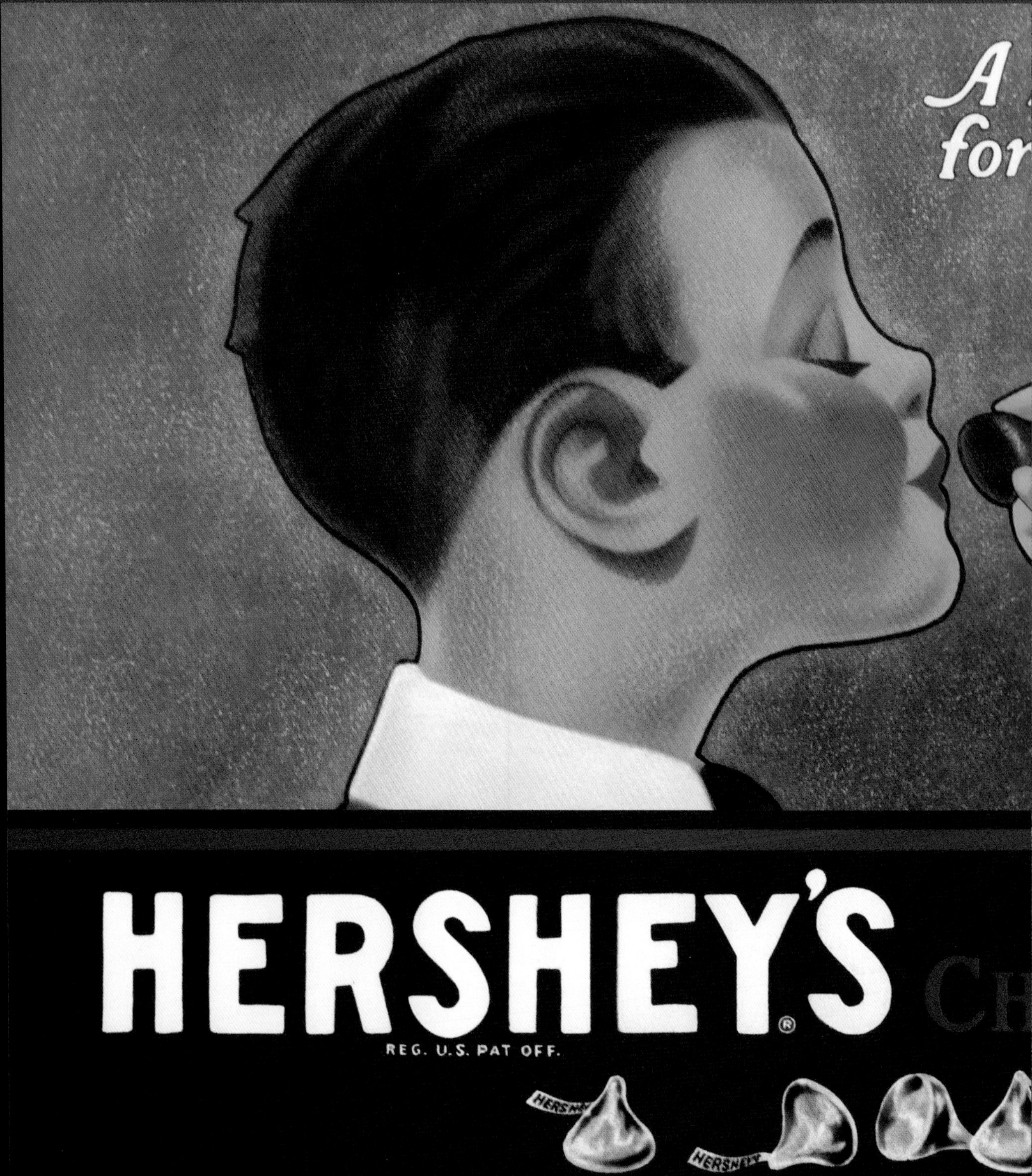

HERSHEY'S®

REG. U.S. PAT OFF.

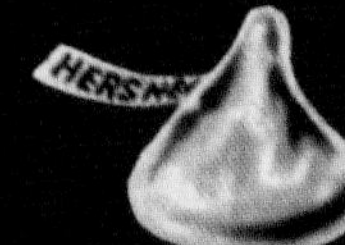

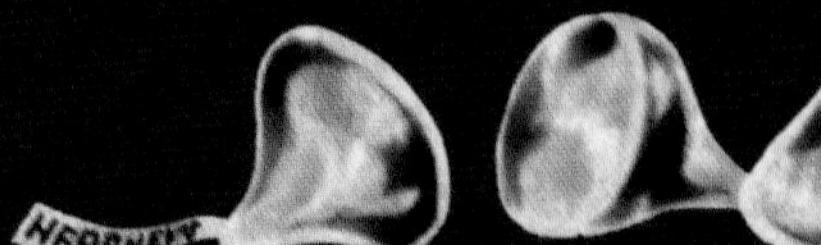

iss

ou

MILK
COLATE

KISSES

可可世界

可可世界可以分为两部分，即种植可可植物的赤道带和居民食用由可可豆制作成的巧克力的北半球。这种热带植物历史悠久，只在地球上最热、最潮湿的地区生长。在绝少加工水果的国度里，种植这种植物的农民可能从来都没有尝过巧克力。另一方面，欧洲、俄罗斯和美国，甚至包括中国和印度，“诸神之食”的购买、加工和消费数量与日俱增。

世界可可产量的增长非常迅速。据国际可可组织（ICCO）统计，在 1830 年工业化大型巧克力工厂投产之前，全球可可豆的收成仅达 10000 吨。目前，该作物全球平均年产 450 万吨。产量依气候条件的不同，每年会有所变化。全球变暖对喜湿的可可树构成了威胁。

近年来，每吨可可的价格在 2000 至 3000 欧元（1 欧元≈ 8.2483 人民币——编者注）之间浮动，每千克约合 2 至 3 欧元，但有时品质较低的可可价格会降至 1 欧元以下。因质量和产地不同，价格差也始终存在。寻求特级可可豆的手工巧克力制造商，甚至愿意每千克（2 磅）出价 6 至 8 欧元。他们会与生产商签订直接供货协议，这样就可以进行生产全流程跟踪。这也就解释了为什么同样都是黑巧克力，价格会有天壤之别。

“巧克力大师”真的有必要了解其产品所使用的植物、品种和原产地吗？答案是肯定的。与世界葡萄酒生产进行比较，有助于我们对这一问题的理解。正如品酒大师要了解葡萄种植土质、品种、特殊山地、日照时间等，巧克力大师了解可可的产地也不可或缺，而不是仅仅满足于知道巧克力棒中可可的含量。事实上，目前的趋势是生产“单一产地”的巧克力棒，即用产自同一个国家甚至同一个种植园的可可豆来制作。

这算不上是追求时尚，在某种程度上讲是追根溯源。原材料品质的好坏，能让消费者辨出产品的良莠，与通常人们品尝葡萄酒时所做的别无二致。至于巧克力，可可占比当然不是无足轻重：优质黑巧的可可含量要超过 65%。然而，这并不意味着含量越高（约 80%—85%）口味就越好。这和葡萄酒多少有点类似：酒精含量 15 度的西西里或阿根廷红酒，绝不比 13 度或 13.5 度的优雅绵长的勃良第或贵族韵味的巴罗洛更叫人沉迷。

据联合国粮农组织统计，世界上有 400 万至 500 万农民从事巧克力种植。他们大多在小种

67：德国博物学家玛丽亚·西比拉·梅里安（1647—1717 年）绘制的可可果

68：非洲可可主产国喀麦隆的一个种植园

植园里劳作，拉动了4000万到5000万人的经济生活。遗憾的是，这些人的薪酬相当微薄，与任何一座繁华都市中琳琅满目的糕点店所赚得的高附加值相比，简直微不足道。这是因为在世界贸易中排名第三、仅次于食糖和咖啡之后的可可是一种软商品。用经济术语来讲，所谓软商品是给易于存储的原材料下的定义，诸如食品（小麦、玉米）、金属或矿产品（金、银、石油属于硬商品）。

豆类价格需要在商品交易所中进行议价。通常来讲，可可豆在纽约洲际交易所（ICE）和伦敦国际金融期货和期权交易所（LIFFE）进行期货交易，即认购人按照定期合约，在到期日对标的物进行交割。然而，这种交易使得可可沦为一种质量无关紧要的商品，反倒是典型的证券金融机制从中大行其道。

于是，精心耕种、亲自发酵、晾干种子、挑出坏豆的农民，从中间商——在南美洲，人们把他们称作“土狼”——那里拿到的辛苦钱，与糊弄过活、毫不讲究质量、什么样的豆子都掺杂在一起的那些人赚到的钱一般多。

然而，近年来，生产优质产品的企业和具有工匠精神、精益求精的农民开始携起手来，

69：茎生可可果在可可树干直接结果

让种植园和工厂之间建立起直接的联系，从而促进了可可产业的飞速发展。这就是为什么可可迷们能有幸更加深入地了解这一植物。

感谢小虫

在“巧克力森林”里穿行，能唤起人们的强烈情感。每棵树都能结出可供加工的一二千克的可可豆。可可豆包含在果实中，每种树能长出 10 到 20 个可可果，形状看上去像一个个彩色的小足球，直接附着在树干上。植物学上将这种类型的生长定义为茎生。

每棵树最多只能产出 4 块 3.5 盎司（100 克）的巧克力棒。2 磅（1 千克）干可可豆的成本在 2 至 6 欧元之间。巧克力的价格在 5 至 6 欧元（大众市场上含 50% 可可的黑巧克力）和 20 至 30 欧元（含 75% 可可的特优手工黑巧克力）之间波动。

实际上，参观可可种植园称得上是一次苦旅。它们只位于地球的赤道带上，在北纬 20 度和南纬 20 度之间，海拔不到 500 米，但由于气候条件差异，喀麦隆、乌干达和哥伦比亚的高地会有例外。喜湿的可可树相当娇嫩、脆弱，生长环境的温度不能低于华氏61度（摄氏16度），湿度不能低于75%，旱季不能超过3个月，需要丰沛雨水。可可树还容易受到害虫侵袭。由于花的授粉是通过昆虫、双翅目或小苍蝇来完成的（只有千分之一的花会结果），所以可可树最好是在香蕉树和椰子树这样的“母本植物”下栽培。

在野生状态下，可可树可以长到60英尺（20米）高。栽培时，株高要在15英尺（5米）以下，四五年后开始丰产，约20年后产量达到峰值，树龄在40岁左右。

可可树是一种常绿植物。叶互生，椭圆形，稍呈波浪状，长约8英寸（20厘米）。每棵树都能开出上千朵小花，但花期只有两天。由于昆虫的辛勤授粉，可可果在四五个月后成熟。

西班牙人将其果实命名为“可可果”（cabosse）。他们说，这种果实很像当地土著人的头颅，重7盎司（200克）到2磅（1千克）不等，一旦用弯刀把它们从树上砍下来，一分为二，里面的宝贝就会露出真容。每个果实含有30到40粒浅色种子，大如杏仁，包裹在一层白色糖浆中。与这种物质分离开来后，种子便可以开始发酵过程。在秘鲁、巴西等国，人们会把分离出来的液体收集起来当作饮料或用于酿酒。

从植物学的视角看，种类繁多的可可树始终是个谜，多年来其分类一直饱受争议。根据最新的遗传学研究，它与锦葵、棉花、玫瑰茄同被归为锦葵科，而以前则被归为梧桐科（可乐果）。众所周知，它的起源确定在今天巴西的亚马孙雨林。

并非只有三种

至于可可属亚种的甄别，更是难上加难，只能大体上讲有20个。其中，最为人们熟知和广为利用的，是人们赖以生产双色可可的“双色可可树”。玛雅人可能用它的果实首次制作出了巧克力。巴西人将其称为“莫坎波”。在哥伦比亚、秘鲁和巴西的热带雨林中，人们采摘一种叫古布阿苏的果实。它结在大花可可树上，兼有菠萝和香蕉的味道，还带点可可的韵味。

至于可可树的“变种”，直到几年前，还是传统上的三种：克里奥洛（Criollo）、福拉斯特罗（Forastero）和特立尼达里奥（Trinitario）。为了方便，我们姑且从这一分类开始分析，尽管还有其他与种质或形状有关的分类，或是国际可可组织（ICCO）确定的商业分类。

71：从这枚刚刚裂开的可可果可以看出来，可可豆仍然包裹在白色的黏液中

克里奥洛可可

——锦葵科可可树种

这一种类代表了可可众里千寻的贵族气质，其甜味和香气备受人们追捧。该名字源于克里奥尔语，在西班牙语和葡萄牙语中，有“本土”“原味”之意。只消尝上一口用百分百克里奥洛可可制作的黑巧克力，你的味蕾便会瞬间奇迹般绽放开来。然而，这种巧克力价格不菲，而且千金难觅。据估计，其产量只占世界巧克力总产量的1%不到，而在1860年之前，它的占比还高居60%。从那以后，这一品种没有经过改良，也没有进行杂交。其种子呈白色，带紫色脉纹，芳香形圆，比普通可可种子要小。

虽然最近欧洲公司在委内瑞拉和南美洲其他地区开辟了一些种植园，但可可树很难种植。克里奥洛遭到严重的基因侵蚀，成为诸多病害攻击的目标。可可果形状细长，尖端扭曲，褶皱表面有五条深深的豆槽，能对其进行加工的公司并不多。用其制作的巧克力棒口感圆润，略带花香和奶油味，颜色也很特别，不是黑色，而是红木的颜色，略微泛红。

福拉斯特罗可可

——锦葵科球种

世界上分布最广的可可树，堪称“标准”可可，约占世界可可产量的85%（特别是在非洲）。大型糖果工厂将福拉斯特罗用于零食、烘焙食品、冰淇淋等大众产品的生产。它的巨大成功主要归功于每公顷的高产（年产两吨）和抗病能力。“福拉斯特罗”在西班牙语中是“异域”的意思，因为它种在原来的克里奥洛可可树种植园外围。成熟时，福拉斯特罗会结出椭圆形或圆形的果实，颜色为亮黄色或红黄色。豆子通常为紫色，有强烈的苦味，香气不浓。这种品质的可可豆可与“罗布斯塔”咖啡豆相提并论，不如“阿拉比卡”咖啡豆那么名贵。由此制成的黑巧克力颜色深沉，酸涩度较大。但也有表现不俗的品种，如阿里巴（主产地厄瓜多尔）和巴西的玛格南。

在厄瓜多尔，饱受诟病的杂交品种CCN-51（Colección Castro Naranjal 51）于1965年被开发出

来，其名字源于霍梅罗·卡斯特罗。这位农学家在纳兰加尔庄园里做了51次试验后才获得成功。它的推出旨在对抗一种危险的可可真菌。因为产量很高，所以尽管可可豆酸苦不堪，许多厄瓜多尔农民还是在种这种没有专利的克隆植物。植物学专家们认为，此举会导致生物多样性丧失殆尽。

最近研究表明，福拉斯特罗可可溯源于亚马孙，从巴西抵达西南非洲，在那里被称为“亚美罗纳多”（Amelonado）。

特立尼达里奥可可

——前两者的杂交品种

如今，人们认为这是最有市场前景的优质可可品种。事实上，特立尼达里奥像福拉斯特罗可可那样浓醇，同时又具有克里奥洛可可那样的馨香。它源于两者的杂交。研究显示，该优质新品种是在委内瑞拉奥里诺科河的广阔三角洲地区自发生长的，亦称德尔塔诺（Deltano）可可。特立尼达里奥的名字指向特立尼达岛。18世纪末，第一批种植园在1727年的灾难性毁灭后发展起来。1933年，圣奥古斯丁（现西印度群岛大学所在地）的帝国热带农业学院（ICTA）对该品种品质进行了改良。目前，特立尼达里奥占全球可可收成的10%至15%。种植园主要分布在加勒比地区的格林纳达、特立尼达、牙买加、圣多明哥、哥伦比亚和委内瑞拉。斯里兰卡和印度尼西亚也引进了这一品种。最好的品种在爪哇岛，果香、芳香历久弥“香”。

说句实在话，传统的可可豆品种三分法已是明日黄花。1822年，英国植物学家约翰·莫里斯开始根据可可的形状和芳香品质来区分克里奥洛和福拉斯特罗。在此基础上，1901年，德国人保罗·普雷斯在委内瑞拉进行了数年踏查后，又增加了第三种即特立尼达里奥。植物学界关于可可特性的讨论持续了一个多世纪。2008年11月，美国几所大学以世界众多科学研究为基础，在线上杂志《公共科学图书馆·综合》（*Plos One*）公布了有关这一课题最权威的研究成果。美国玛氏公司研究员胡安·C. 莫塔马约尔领军，在遗传学家P. 拉舍诺、J. 华莱士·席尔瓦·莫塔、R. 洛尔、D.N. 库恩、J.S. 布朗和R.J. 施奈尔的参与下，最终推翻了这一分类。他们通过对南美洲收获的果实进行千余次分析，确定了至少10个基于种质的基因集群。

74—75：刚刚收获的五彩斑斓的可可果，显示了生物的多样性

主要的基因集群有：马拉尼翁、库拉赖、克里奥洛、伊基托斯、纳奈、康塔马纳、亚美罗纳多、普鲁斯、纳雄耐尔和圭亚那。实际上，目前除了克里奥洛、亚美罗纳多和纳雄耐尔外，黑巧克力标签上尚未显示如此详细的分类。

如果根据可可果的形状来分类的话，结果就又会不同：

安哥勒塔：形状细长，表面粗糙，有深槽。

坎迪莫尔：椭圆形，底部缩成瓶颈状，带一个点，表面褶皱。

亚美罗纳多：圆形，表面最为光滑。

卡拉巴西洛：比其他可可果要宽，形状相当圆。

对消费者来说，还有一个区别更为重要，即普通可可（福拉斯特罗的各种变种）和“优质”或“芳香”可可（用古老的克里奥洛、纳雄耐尔和特立尼达里奥品种制作）之间的区别。为此，经充分考虑可可的基因来源、形态特征、可可豆的芳香和化学成分、颜色、发酵度、干燥度、酸度、内部霉菌率或虫菌率等缺陷及杂质率，国际可可组织特别委员会在《国际可可协定》框架下制定了一份国家资质清单。据最新数据显示，在可可的全生产链中，拥有“优质”或“芳香”可可的国家是：玻利维亚、哥斯达黎加、多米尼克、格林纳达、马达加斯加、墨西哥、尼加拉瓜、圣卢西亚、特立尼达和多巴哥以及委内瑞拉。其他国家的可可质量则以百分比（75%—

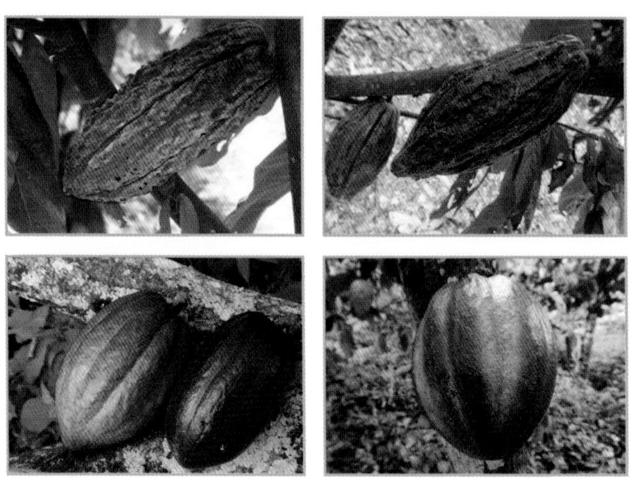

76：四种可可果（左起顺时针）：安哥勒塔、坎迪莫尔、亚美罗纳多和卡拉巴西洛

95%）来加以区分：哥伦比亚（95%）、牙买加（95%）、巴布亚新几内亚（90%）、厄瓜多尔（75%）、秘鲁（75%）。而以下国家的可可质量百分比较低：危地马拉（50%）、洪都拉斯（50%）、巴拿马（50%）、多米尼加共和国（40%）、越南（40%）、圣多美和普林西比（35%）、印度尼西亚（1%）。

种植园如何耕作

巴西作家若热·亚马多（1912—2001年）在1933年出版的第二部小说《可可》中，详细描述了巴西巴伊亚州伊莱厄斯种植园劳工们躬耕垄亩的生活。“可可果要倒入槽中发酵三天。果肉不能沾上洗涤剂和肥皂，我们得在可可果上边踩边跳，任由果肉粘得满脚都是。然后，将可可豆分拣出来，放在桶里在阳光下晒干。到了这一步，我们还得在可可豆上边踩边唱。就这样经年累月下来，我们的脚掌变宽了，脚趾分得开开的。8天后，可可豆变黑，散发出巧克力的味道。”

亚马多的孩提时代是在种植园里度过的。时至今日，世界上许多地方的劳动条件并没有得到根本的改观。如今，收获可可果仍然离不开手工，低处的用利刀砍，高处的拿棍子捅。种植园里的每个加工步骤对最终产品质量都会产生重要的影响。如果可可果从树上砍下过早，糖分就会降低，造成可可豆过苦。倘若收成太晚，里面的种子有可能已经发芽，无法使用。

77：喀麦隆可可种植园的工人在手工采摘可可果

通常，种子一年收成两次。打开可可果时必须十分小心，以免可可豆受损，但必须在收获后10—12小时内进行挤压，以避免出现不必要的反应。去掉果壳（可用作肥料或家禽饲料）后，首要任务是挑选由“胎衣”包裹着的可可豆。一般来说，视果实质量的不同，每个果实所含的可可豆有30到50粒不等。

接下来开始发酵，这类似于葡萄脱胎换骨变成葡萄酒的过程。可可豆仍然是生的，滴着黏糊糊的果肉。它们被放进大箱子里，上面盖上香蕉叶（家庭式小种植园的做法）或特制的罩子。生成可可香味前体的发酵过程必须严格按程序要求进行。如此产生的热量（约华氏104—122度或摄氏40—50度）使糖浆液化（必须经常搅动），进而让可可豆的单宁氧化，呈现出典型的棕色。这一阶段的持续时长因可可豆质量的差异而不同。对于福拉斯特罗来说，通常较为耗时，需5至7天，而就优质芳香的可可而言，3天即可。

最后是干燥程序。如果气候条件允许，这一步骤会在阳光下或特制的热风炉中进行。这个阶段对质量起着决定性作用，因为它终止了发酵，杜绝了发霉，限制了酸度。如果干燥过度，则会造成巧克力的严重缺陷。这一过程需要一到两周的时间，可可豆的含水量可降低7%到8%左右。

78：可可豆的晾干在种植园里进行。该道工序必须经过人工控检

此时，可可已经准备好神奇变身为“诸神之食”，这一过程通常发生在远离种植园的地方。可可豆被放在110—170磅（50—70千克）的麻袋中，储存在通风良好、不受风吹雨淋的适宜环境中。

可持续生产

市场上对生产种类繁多的巧克力的原材料需求正在日益增长，可可豆的产量也在同步增长，特别是在西非。虽然终端产品巧克力的价值链约为1200亿美元，但其中只有90亿美元流向种植园主体，初级产品（可可酱）占280亿美元，多达870亿美元由糖果、点心、果仁糖和巧克力棒瓜分。世界可可市场的波动使小型种植园面临的风险陡增，即使科特迪瓦和加纳这两个非洲国家生产的可可占全球总产量的60%，也下大力气研究了不同的价格控制机制，以维持报价的稳定性。

据估计，全球约75%的可可产量来自非洲，其次是中美洲和南美洲，占比17%（巴西和厄瓜多尔是主产国），亚洲和大洋洲占比7%（印度尼西亚和巴布亚新几内亚）。

对许多发展中国家而言，可可尽管主要由小型家族企业种植，但却是一种重要的资源。据美国新奥尔良大学研究，至少有200万非洲儿童参与了“诸神之食”的生产。自21世纪初以来，人们一直在努力增强可可全产业链的可持续发展。应运而生的世界可可基金会目前已有100多个成员，其中包括几乎所有的主要加工企业。该基金会的宗旨是在可可生产过程中，让“农民更加富裕，产地加快发展，人权得到尊重，环境受到保护”。

因此，人们期望，砍伐森林和剥削未成年人的“苦巧克力”营生能够叫停。公平贸易认证已经启动多年，可是，平等和负责任的贸易并不总能生产出高质量的巧克力来。还有像雨林联盟这样的环境保护组织，现在已经推出了令人放心的品牌标志——可爱的青蛙。

气候变化也对可可种植产生了负面影响。气温升高、雨量无常以及生长季节的转换无一不令人堪忧。一些大型跨国公司正在加紧研究基因修饰以保护可可，但转基因生物进入这一链条可能会危及生物多样性。环境保护组织深信，加大对培训的投资力度，便有可能实现高效和可持续的农业管理，以终止“贫穷—毁林—更贫穷—再毁林”的恶性循环。

80—81：麻袋里装的是产于圣多美和普林西比群岛的干可可豆

加工秘籍

如果你是一位巧克力控，并且笃定想把它的所有秘密都弄个门儿清，那么我们建议你去巧克力工厂走上一遭，看看可可豆是如何转化成美味黑巧克力或牛奶巧克力的。诚然，可可的收获和加工程序相当复杂，但从可可豆到巧克力棒的过程耗时更长，也更加精细。在巧克力工厂里可以呼吸到令人陶醉的芳香，就像威利·旺卡（根据同名小说改编的电影《查理和巧克力工厂》里的一个角色，巧克力制造商。——译者注）的那种香味，简直无与伦比，最终在达尔的小说中飘向不朽。棕色的巧克力柔波和向各工作点输送的管子形象成为了一代人的集体记忆。正像《查理和巧克力工厂》这部著名小说中的一句话说的那样："在那条河里，巧克力多得足以装满全国的每个浴缸！当然还有全部的游泳池。是不是很棒？看看我的管道！他们把巧克力吸进去，送到厂内各个生产车间！每小时能输送好几千加仑（1加仑=3.785升——编者注）……"

事实上，当参观"诸神之食"生产厂时，你会发现，从遥远的国度袋装而来的可可豆的制作过程并非那么容易。很多时候，果仁糖、小巧克力棒、糖衣杏仁或松露巧克力都是用"可可浆"或"可可液块"来制作的。它们是半成品，由诸如百乐嘉利宝（Barry Callebaut）和法国法芙娜（Valrhona，主要面向专业人士）这样专门从事可可加工的大公司给生产厂家供货。百乐嘉利宝总部位于苏黎世，是一家法国和比利时跨国公司。

然而，近年来，越来越多的工匠热衷于全生产链管理，许多高质量企业也在加工来自生产国的原料。

那么，就让我们来看一下由可可到巧克力的整个传统加工流程。不过需要提请各位注意的是，由于生产商（大公司或小工匠）类型以及产品各异，这些流程也可能迥然不同。此外，为了迎合生食主义者（rawists）和素食主义者的口味，近些年来，生巧克力已经变得非常走俏。它的生产过程也很特殊，要避免用华氏107度（摄氏42度）的热量来"烘烤"可可豆，我们在下面还将就此继续探讨。但由于众多原因，尤其是卫生的原因，我们认为这种加工可可的方式并不能将其全部特质和香味提炼出来。

可可浆、可可粉与可可脂

84—85：烘烤过的可可豆可用来制作可可浆、可可脂和可可粉

轮船风雨兼程、飘洋过海，把袋装干可可豆从生产国的种植园运到远隔重洋的加工厂。近年来，西非和许多拉美国家纷纷立项办厂，把加工点直接开在种植现场，尽量将附加值留在可可树种植地，但这一做法才刚刚起步，尚处于初级阶段。

首先，把干可可豆转变成三种半成品：可可浆（“可可酱”或“可可液块”）、可可粉和可可脂。

可可浆由烘烤后的可可豆混合精制而成，是一切巧克力生产的基础。当商品标签上注明70%巧克力棒时，它意味着巧克力棒是用70克“纯可可液块”和30克糖制成。

可可脂和可可粉（用来撒在卡布奇诺或提拉米苏上面做装饰）可以通过另一种加工方式——用大型工业压榨机挤压烘烤后的可可豆——来获得。可可脂是可可豆中含有的天然脂肪。经过挤压、过滤和净化处理后，可可脂可以凝固，看上去像是一块黄油。

可可脂是一种既高贵又昂贵的脂肪物质，可用于生产化妆品（例如唇膏）或添加到可可酱中，使巧克力更具光泽和可塑性（尤其是用来给复活节彩蛋和大巧克力棒进行“包衣”）。加工出来的成品是一个固体的可可脂“块”，其中含有 10%—20% 的脂肪，可可粉便是可可脂块的下游产品。

在加工开始之前，必须要对从种植园运来的生可可进行检查。有特制的抽吸器和磁铁，可以清除麻袋中的石块、金属片和树叶等杂物。这个过程也可以手工完成，用筛子和刷子将可可豆清理干净。

烘烤

这是可可加工过程中最微妙的阶段之一。可可豆的温度在华氏 230 度至 356 度（摄氏 110 度至 180 度）之间变化，时长从最少 15 分钟、20 分钟到 1 小时不等。烘烤旨在把可可的香味全部激发出来。因此，这一过程若太短，则可可会有酸味残存，若太长则所有香味会在高温下挥发殆尽。这是一个非常类似于咖啡烘焙的过程，实际上，一些传统的手工机器可以用于可可豆和咖啡豆这两种原料的烘烤。这些烤箱配有经典的导线轮，能让可可豆冷却下来。今天的工厂在这一过程中使用了热风道以及更加先进的技术。如今，在能杀死微生物的蒸汽助力下，烘烤速度明显加快。过去的烘烤温度是华氏 266 度（摄氏 130 度），现在是华氏 230 度（摄氏 110 度）。

去壳

由于失去了大部分水分，包裹可可豆的外壳可以轻易地被剥离。去壳通常是在烘烤后操作。去壳机还会把可可豆粗碎，形成“可可粒”（nibs）。气流能把外壳完全消除干净。

研磨

将可可豆转化为可可浆的最后一道工序也称为压碎（crushing）。传统的加工使用圆槽，槽内有两个叫作调和器的花岗岩轮。在华氏 140 度至 158 度（摄氏 60 度至 70 度）的条件下，热量和研磨过程将脂肪物质融化，进而激活这种芳香黏稠的棕色液体。液体冷却后，就形成了大“块”的半成品，再经过其他工序加工后，便摇身一变成为“诸神之食”。

87：一些国家仍然在用手工方法烘烤可可豆

巧克力棒诞生记

从这一刻起，我们就进入了英国作家乔安娜·哈里斯小说《浓情巧克力》主人公薇安·萝雪的魔幻世界——巧克力膏即将蜕变成巧克力棒。“处理未经加工、平淡无奇的考维曲（couverture，一种类似于黑巧克力的巧克力，可可脂丰富，为专业人士制作）可以说是趣味无穷。用手将它们掰碎——我从来不用电动搅拌器——放入大陶瓷锅，然后融化、搅拌，每做一步都用糖温计进行精心测量，直到热量恰到好处，之后就静观其变。”

精炼和混合

现在，必须对可可浆进行精炼（以前是用一台五缸的大机器，有点像报版轮转机），才能达到20微米左右的稠度，以便让我们的嗅觉能够把所有的香味都一网打尽。接下来到了混合的时刻。先辈们总是用石轮调和器来作业。如今，业内的众多工匠使用的是大理石磨粉机或大型搅拌器。

随后，会在可可浆中添加必要的成分，比如往黑巧克力中加糖，间或补充香草、可可脂和少量大豆卵磷脂（一种天然乳化剂）。

就牛奶巧克力来说，可可浆中会掺入糖和奶粉。吉安杜佳巧克力中添加了榛子粉；而“白巧克力”不含可可浆，只有可可脂、糖、香草和奶粉。

研拌

直到19世纪中叶，研拌这一工艺才在瑞士被创造出来。正是由于这一工艺，可可的全部香味才得到了有效释放。研拌（Conching）的名字来源于一种叫“海螺”（conca）的储缸。可可浆、糖和其他成分的混合物倒入储缸之中，使其保持在温度为华氏140度至160度（摄氏60度至70度）左右的液态。古法操作是在水平研拌机上进行的，滚轴在上面长时间连续碾压。由于温度和持续时长的关系，会生成两个不同凡响的结果：一是巧克力变成“乳脂状”，尝起来没有恼人的颗粒感，口感顺滑，味道细腻；二是多余的酸味物质被撇除。在采用这种高温技术之前，固体巧克力并不“光滑”，粗糙得很。2018年年底获得欧洲认证的莫迪卡地理标志巧克力就是一个例子。

89：研拌加工巧克力的传统机器

如今，水平研拌机早已废弃不用，取而代之的是球形或滚筒研拌机，速度更快，效率更高。

调温

此时，保持在华氏122度（摄氏50度）左右的液态巧克力可以变成巧克力棒了。在最终成形（一小块0.2盎司/5克的千层酥、一块淋面巧克力、一根3.5盎司/100克巧克力棒、一个用来装馅料的空壳或半个复活节彩蛋）之前，它仍然需要经过调温或回火。这个工艺是巧克力大师们坚守的最后一个秘密。现在，通过能产生令人兴奋、芳香四溢的热巧喷泉的调温机，所有的事情都可以自动搞定。

在机器内部，温度从华氏122度（摄氏50度）逐渐冷却至华氏80度至82度（摄氏27度至28度），经连续搅拌后，加热至华氏86度至87度（摄氏30度至31度）。这样，可可脂就呈现出完美结晶，因此，巧克力棒可以被随心所欲地造型，通体光泽，结构均匀，可以长期保存。

调温亦可通过手工“自制”的方式进行，通常由技术熟练的工匠在车间里操作。在大理石平板上用抹刀把巧克力膏摊开来控制温度。巧克力必须先在华氏113度至122度（摄氏45度至50度）的温度下融化，从而剔除之前的晶型记忆（在较低的温度下不会出现），然后冷却到华氏80度至82度（摄氏27度至28度）。要在模具中最终成型，就必须将其再次加热，温度升至华氏86度至87度（摄氏30度至31度）。这一程序操作起来并不容易，但它是制作清脆爽齿、“入口即化”的巧克力棒和光泽果仁糖的必由之路。

成型

这最后一道工序把巧克力塑成所需的形状。今天，巧克力造型是通过造型机来完成的。装满液态巧克力的模具在传送带上滚动。然后，由振动器对模具自动进行“振动”。过去，这一程序由熟练的巧克力工匠手工完成。之后，必须降温来完成形状固化。在现代化工厂中，巧克力棒要过一遍冷却通道。工厂的种类有很多，除了最简单的巧克力棒生产厂外，还有一种生产巧克力馅料的工厂。它有3个“站点”：一个准备外壳，另一个制作馅料，还有一个负责封装。最后，还有一种包衣（enrobeuse）工艺，即用机器把巧克力涂层覆盖并包裹住加工过的巧克力馅料。馅料可以是饼干、吉安杜佳酱、原粒榛子仁，也可以是法式掼奶油果仁糖。

至于说复活节彩蛋玩偶、兔子或圣诞老人等立体造型，则采用厚塑料模具制作，可在离心机中旋转，使巧克力均匀分布在模具内壁上。

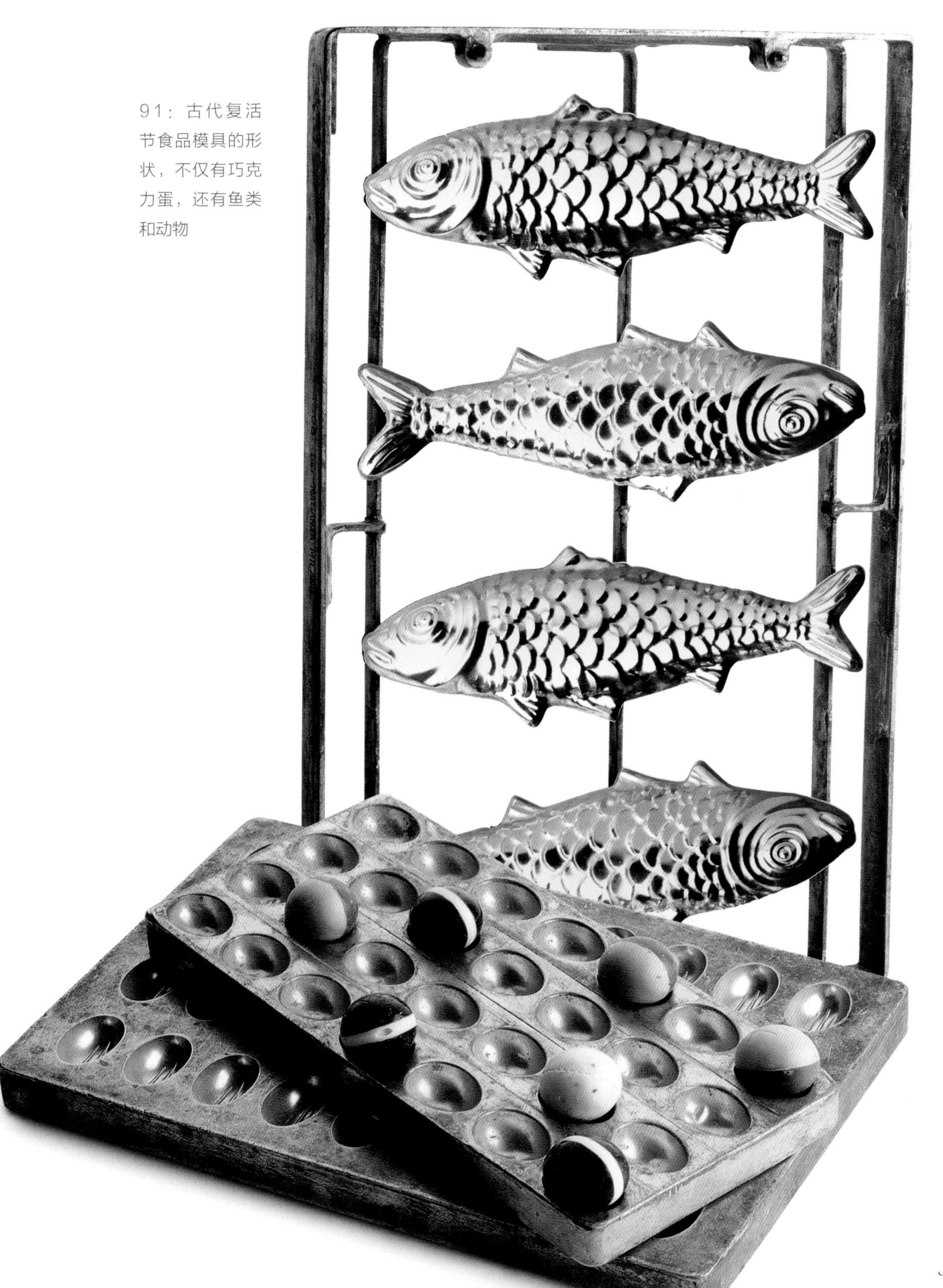

91：古代复活节食品模具的形状，不仅有巧克力蛋，还有鱼类和动物

包装

一旦巧克力棒或其他风味产品制作完毕，就会从冷却机里出来，静置一段时间等待包装。以前，这最后一道工序惯常由女工手工操作（在19或20世纪的老照片中，可以看到一排排戴着手套和帽子的工人在工作），但现在则由专门机器来完成。巧克力的品质还取决于正确的“包装”。好的包装不会在巧克力上留下任何气味，而且还有助于巧克力的长期储存。近一段时间以来，大公司都广泛应用了金属探测器，来探测包装中会危及消费者的金属物（极其罕见），因为金属物可能会从包装机上脱落。这是巧克力棒出厂进店前要过的最后一关。

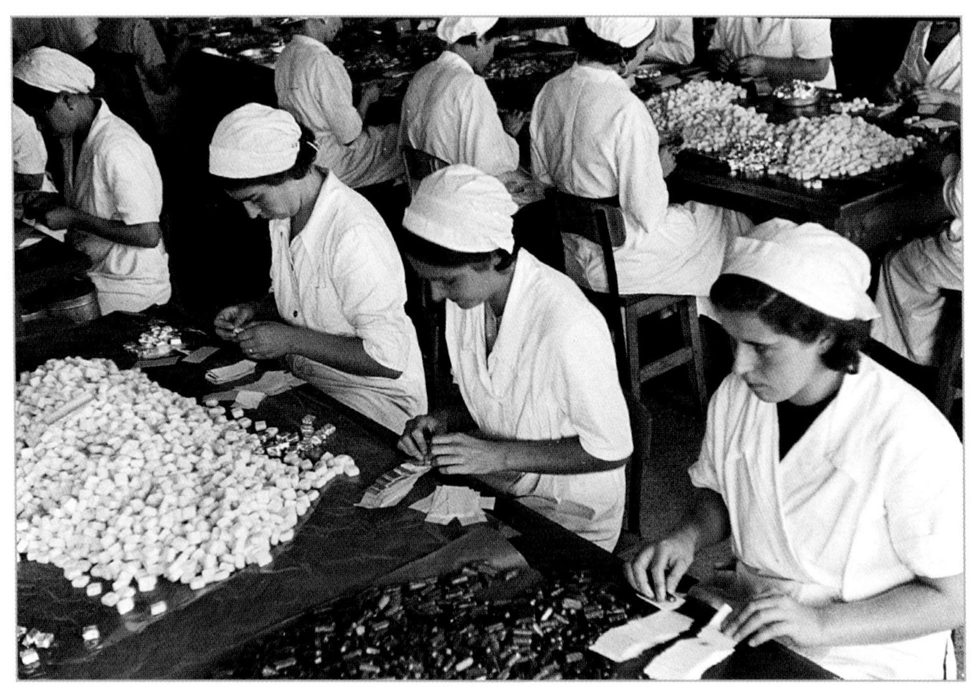

92：多年来，巧克力棒一直都是由女工手工包装。图为在都灵闻绮巧克力厂工作的女工

生巧克力

“生食主义”之风也刮进了巧克力世界，颠覆了我们迄今为止所描述的所有加工程序。事实上，“生巧克力”是一种相当粗糙的产品，由可可制成，加工少到了极致。其追随者的理论

是，在可可向巧克力转变的每个阶段，温度都不应超过华氏107度（摄氏42度），但可可豆在种植园发酵过程中，气温通常较高，要想保持这一温度的确强人所难。

生产这类巧克力（通常是不规则的大块纯巧克力）的人辩称，采用的生产工艺百分百保留了巧克力的健康成分；而实际上，70%以上的黑巧克力都含有抗氧化剂，即多酚，以及儿茶素和表儿茶酸。他们不对可可豆进行烘烤，只在阳光下曝晒。这一做法在介绍生巧克力时得到了强调，但必须记住的是，所有的可可豆都是在烘烤前晒干的。关键在于，倘若可可豆中的细菌没有被消杀，那会是件非常危险的事情。况且，摩迪卡巧克力压根儿就没有研拌工序。

如今，世界各地出现了许多种不含精糖的“生巧克力”。这些巧克力往往也打出素食品牌。然而，未经认证的商标不敢恭维，也无法切实保护消费者的权益。在这方面，它与由独立管理机构监制的有机巧克力不可同日而语。

从感官上看，生食主义的追求并没有产生明显的效果，因为可可的营养成分和功能只有通过发酵才能体现出来。此外，烘烤尽管很轻，但对激发可可的芳香气味不可或缺，况且缺少这道工序，成品的食品安全也无法得到保障。

就生巧克力生产商而言，他们做出了预防到位的承诺——由南美洲小可可生产商直接供货，使用结晶椰糖。有时，他们只是把可可粉和可可脂混在一起，力避牛奶等任何动物成分，不用大豆卵磷脂，以此证明他们的巧克力是生的。如此纯素、有机、无麸的巧克力“苦”不堪言，当然不会好吃。

还有一道工艺，生巧克力生产商并没有那么顽固坚持，它是摩迪卡和皮埃蒙特巧克力大师们的选择。在低温下加工巧克力，即使在烘烤之后也是如此，研拌时间也很短暂。其结果是巧克力棒比传统的深色巧克力棒略显“粗拙”，但仍然算得上是正宗和芳香，其中的健康成分也得以完整保留下来。

如何存储巧克力

包装完毕后，要把它们放在恒温、低湿的储藏室里保存。

购买巧克力时，一定要留意它们是否存放在没有强光的空调环境中，是否远离了有强烈气味的产品。高温、潮湿和气味是巧克力的克星。

温度的蹿升会导致两种结果：一种是造成可可脂融化，表面斑白；另一种是湿度过大形

成糖分板结，内部翻砂。事实上，若巧克力棒发生了这些变化也并不影响口感，当然，能避免的最好还是避免。

当把“诸神之食”买回家时，应该怎样做才能妥善存储呢？对食品来讲，有一条规则是放之四海而皆准的，那就是尽快食用，越快吃完越好。

如果你真的想多储存一段时间，那么有3种方法，至于说采用哪种方法，要依巧克力的种类而定：

· 含有水分的果仁糖或巧克力棒，有甘纳许（ganache）奶油馅料，或涂有蜜橘酱或榛子奶油。

· 无水巧克力棒和干果仁糖。

· 吉安杜佳酱。

第一种，储存温度必须较低，约为华氏53度至57度（摄氏12度至14度），环境湿度为70%，储存时间不得超过一个月。第二种，建议将其保持在华氏60度至64度（摄氏16度至18度）的温度范围内，相对湿度小于50%，置于黑暗环境中。第三种，如果由于过热，罐子里的酱返出榛子油，那么可将其放在橱柜里，食用时再小心搅合即可。此外，倘若温度的变化导致糖或可可脂结晶，只需在隔水蒸锅里将奶油加热，便可使其恢复到原来的状态。

假如无法用原包装来储存巧克力，那就用箔纸将其包起来，外覆保鲜膜。存储吉安杜奥提时要特别注意，保存期最好不要超过生产日期后的三个月（即使保质期通常较长），因为里面的榛子成分往往会使其发生腐臭和氧化。

一般来说，最好别把巧克力存放在冰箱里，因为它会和别的食物串味。当季节性气温很高时，只把冰箱作为一个应急备选方案，而且，最好把巧克力放在密封的盒子里，吃之前从冰箱里拿出来放置一会儿。在任何情况下，这种做法都能保护富含榛子和干果的产品不至于酸败，也不受印度谷斑螟或食物飞蛾的侵害。如果储存在华氏71度（摄氏22度）以上的温度环境中，这些含有谷类、豆类和香料成分的食品可能会遭到印度谷斑螟或食物飞蛾的侵害。

形形色色的诱惑

无论是诱人的巧克力棒、有闪亮包装的小巧克力块，还是撒上丝滑糖霜的沙河蛋糕（Sacher-Torte），“诸神之食”总能给人带来强烈的愉悦感。它以深棕色、黑色、赭色、白色甚至粉红色面目示人，个性变幻莫测，让人难以捉摸。

它从地球上走来，从果实的发酵籽粒中走来，数百个寒来暑往，由于它的皈依顺从、随遇而安，人类已经成功地将它幻化成了巧克力棒、果仁糖、复活节彩蛋、蛋糕和点心，还有以榛子为主要原料制成的面包酱，形形色色，不一而足。

可以说，人们对这种食物抱有一种矛盾心理，游移纠结了数百年。平实、黢黑、骄奢之际，巧克力俨然是性感的象征；掺入牛奶之后，它又无形中成了童年的回忆。几个世纪以来，液态的它是“魔鬼饮料”，固体的它是饕餮美食，不拘一格，婀娜多姿。总之，创意无限，诱惑无穷。

食品法典

自1963年以来，几乎所有国家都遵守《食品法典》，它规范了世界的食品贸易。

该书认可4种巧克力，即黑巧克力、牛奶巧克力、白巧克力和吉安杜佳榛子巧克力。在红宝石版（粉色）巧克力发明之后，我们可以说巧克力家族是“五福临门”。

根据《食品法典》制定的标准，“巧克力”必须含有至少35%的“固体”可可，这其中至少要有18%的可可脂和14%的干脱脂可可。

产品	干可可固体总量	可可脂	无脂可可固体	总脂肪	乳脂	乳固体	面粉/淀粉
巧克力	⩾35%	⩾18%	⩾14%				
考维曲巧克力	⩾35%	⩾31%	⩾2.5%				
巧克力粉或巧克力片	⩾32%	⩾12%	⩾14%				
牛奶巧克力	⩾25%		⩾2.5%	⩾25%	⩾3.5%	⩾14%	
考维曲牛奶巧克力	⩾25%		⩾2.5%	⩾31%	⩾3.5%	⩾14%	
牛奶巧克力粉或巧克力片	⩾20%		⩾2.5%	⩾12%	⩾3.5%	⩾12%	
家庭牛奶巧克力	⩾20%		⩾2.5%	⩾25%	⩾5%	⩾20%	
奶油巧克力	⩾25%		⩾2.5%	⩾25%	⩾5.5%	⩾14%	
脱脂牛奶巧克力	⩾25%		⩾2.5%	⩾25%	⩾1%	⩾14%	
白巧克力		⩾20%				⩾14%	
塔莎巧克力	⩾35%	⩾18%	⩾14%				⩾8%
塔莎巧克力棒	⩾30%	⩾18%	⩾12%				⩾18%

这种巧克力也可以称为“半甜巧克力（半苦巧克力）”或“黑巧克力”。

还有一种巧克力涂层（考维曲），可可脂占比更大（至少31%），巧克力生产商用其加工复活节彩蛋、空心体和蛋糕等。

另外，牛奶巧克力必须含有至少25%的固体可可和12%—14%的乳干物质。

该书还列出了其他“以巧克力为基料”的产品，即白巧克力、吉安杜佳、牛奶吉安杜佳、“帕拉梅萨”餐桌巧克力（分为半苦和苦两种）、巧克力粉与巧克力豆（美国产品，用于饼干和糕点制作）、巧克力馅料（业内馅料琳琅满目，果品奶油不胜枚举）和果仁糖。

标签

在挑选上品巧克力时，应该考虑哪些因素呢？你得仔细阅读标签。上面必须注明可可浆的百分比，商品质量（深色、牛奶、白色、吉安杜佳）、产地和有效期也都须一一明示。产品成分除可可、糖、奶粉和榛子外，还要有大豆卵磷脂、香草和可可脂。

原产地黑巧

当可可含量超过一定百分比，这时可可的产地就举足轻重了。如今，许多生产商在标签上增加了产地，因为美食家们一直在苦苦寻找与可可种植地有关联的苦巧克力。他们更钟情于这种苦巧克力，而不是由不同国家的可可豆混合而成的苦巧克力（这种混合法已施行多年，就像知名的咖啡和蒸馏酒一样）。精细化流程是最基本的。对顶级黑巧克力来说，为了能够做出那种“上口”的味道，应该从可可浆占比 60% 的巧克力膏开始尝起，直至 100%，充分利用口中的残留糖分，去体味渐强的醇厚与芳香。

有时，标签上会注明特殊产地，如苏奥（Chuao）、卡热内罗（Carenero）或美瑞蒂亚（Meridia）。这些都是委内瑞拉克里奥洛珍稀可可的著名种植区。

如果巧克力是用某个“优质”或“芳香”可可国家的可可豆生产的，那么在标签上就会出现玻利维亚、哥斯达黎加、马达加斯加、哥伦比亚、厄瓜多尔、秘鲁等国别字样，以此表明该产品毋庸置疑的品质。1983年，法国大师雷蒙·邦纳首次将黑巧克力投放市场。为了庆祝他的家族企业瓦隆（Voiron，伊泽尔省）创立百年，他制作了名为“至尊至纯”的巧克力棒。这是一场变革的发端，此后高歌猛进，硕果累累。

牛奶：注意比例

如果说黑巧克力更加注重原产地的话，那么就牛奶巧克力而言，可可占比倒是值得人们玩味。法律规定的比例相当低，约为25%，结果是甜味有余，芳香不足。幸运的是，现在手工匠人和巧克力制造商生产的巧克力，可可占比要高得多。比如业内金牌得主、意大利的天使之吻（Venchi，亦译闻绮——译者注），47%的牛奶巧克力是用精选的带有浓郁可可和奶油味道的委内瑞拉可可豆制作的，滨海阿尔卑斯山牧场的牛奶则起到了画龙点睛的作用。

还有一些新的加工技术，比如使用高温蒸发的鲜奶而不是奶粉。1839 年，德国公司乔丹 & 蒂莫在生产“驴奶巧克力”时第一个使用了这种方法，但因为难以保存而没有成功。第一种商业化的牛奶巧克力棒可以追溯到 1875 年，由瑞士人丹尼尔·彼得制作。他在其岳父的弗朗索瓦·路易斯·凯勒公司里做巧克力师。一开始，他使出浑身解数也没能把牛奶中容易使产品变质的水分去掉。后来，奶粉制造商亨利·雀巢先生伸出援手，他才成功地实现了自己的初衷。

吉安杜佳：从都灵到世界各地

这种巧克力被添加到《食品法典》中的时间要晚得多，因为粮农组织委员会的非洲成员国反对这种做法。允许可可含量低于35%，突破了巧克力的最低门槛，所以他们认为这只是一种巧克力替代品。2001年，糖果工业家协会的一名官员带着一盒吉安杜奥提到瑞士参会，终于利用这个机会说服了这些非洲成员国代表。1867年，人们往可可浆中加入榛子后，世界上第一批包裹巧克力诞生。可可浆的含量必须在20%到40%之间。当然还有巧克力棒。检查一下标签上是否标明榛子的百分比，百分比越高，质量就越好，即使对面包酱而言也是如此。

真正的巧克力并非白色

虽然有些人喜欢白巧克力，但实际上如今糖果企业是其主要用户，因为它具有很好的可塑性，与其他原料能很好地融合到一起。纯粹主义者记得一清二楚，从技术层面上讲，即使被《食品法典》所承认，它也不是巧克力，因为它的成分中没有可可浆，只有可可脂、糖和奶粉。在“诸神之食”的历史上，白巧克力算是后起之秀，20 世纪 30 年代由雀巢公司在瑞士创造出来，1936 年，以知名的爆米花粒白巧克力棒形式推向市场。其味道在很大程度上取决于所添加香草的质量。

红宝石：粉色巧克力

营销目标非常明确——活力四射的千禧世代照片墙（Instagram）用户。在短短几个月时间里，就有数百张糖果和巧克力棒的照片被贴上了“#红宝石巧克力”的话题标签。2017年9月5日，红宝石一号在中国上海揭晓。它是比利时－瑞士百乐嘉利宝集团历时13年研发出来的一款新型巧克力，由“科特迪瓦、厄瓜多尔和巴西种植的”特殊可可豆经专利加工而成。

比利时－瑞士百乐嘉利宝集团推出的“第四种巧克力”，实际上与白巧克力非常相似，但带有丝丝浆果的酸味。在考维曲中，可可含量为47%，奶粉占28%。该公司承诺不添加其他原料或染料。

专家认为，光学读数机能挑选出颜色较浅或较紫的可可豆。它们的短期发酵（不足3天）被柠檬酸所阻断。

摩迪卡：欧洲第一个地理标志认证

2018年10月，有一种“诸神之食”——其实是一种加工方式——获得了欧洲地理标志认证。它就是“摩迪卡巧克力”，将可可浆（最低50%）与糖混合，经“冷”处理（规范规定需低于华氏120度或摄氏50度）加工而成，没有研拌工序。此外，可以添加如肉桂、香草、辣椒、肉豆蔻等香料。柑橘、茴香、茉莉和姜等自然香味也被允许应用。这种产品的特点是入口颗粒感明显，因为糖在这个温度条件下不会融化。

欧洲第一个巧克力地理标志（都灵的一些巧克力制造商们正在为吉安杜奥提申请地理标志），是为了保护当地工匠的利益，促进地区发展。有人认为，推广地理标志首先是高超的区域营销举措，摩迪卡的“先驱者们”，尤其是西西里历史最悠久的多尔西亚·博纳朱托巧克力工厂的鲁塔家族，实际上并不赞同这一做法，认为它规定得过于宽泛和琐碎，特别是对可可原产地规则更不敢苟同。事实上，由于近年来的媒体报道，在摩迪卡出现了大量的作坊。它们只是简单地把工业原料一混了之。因此，纯化论者打出了具有挑衅性的标语，上面写道：“来自拉古萨郊区的巧克力。”（拉古萨是位于意大利西西里岛东南部的海港城市。这句话旨在奚落摩迪卡巧克力作坊的鱼目混珠。——译者注）

甜点： 巧克力棒

在世界各地的超市货架上，新的巧克力棒品种层出不穷。馅料有提拉米苏、布丁、无花果、生姜、酸奶、杏仁饼、椰子等，以及干果、蜜饯、咖啡或茶等特殊原料。

这一时尚趋势给这类尚未在《食品法典》中注册的巧克力下了一个新的定义“甜点风”。也许它们与纯正的巧克力风马牛不相及，但如果你想尝试全新的美味体验，它们肯定会让你神魂颠倒。

113上：不同大小的皮埃蒙特地理标志榛子：大粒榛子是巧克力制造商的最爱，因为它们的成熟度更高

榛果巧克力棒

全烤榛子和可可豆联袂，便诞生了现代巧克力产品中妙不可言、令人难以抗拒的榛果巧克力棒（nocciolato）。这是一款独具特色的黑巧克力棒（或白巧克力、牛奶巧克力棒），诱人的榛果在其表面呈圆形凸起。两种完美互补的口味让人意犹未尽。

这些巧克力棒的做工与吉安杜佳巧克力大相径庭。吉安杜佳中的榛子颗粒非常细腻，要与可可浆混合研拌。而原料质量对生产上品榛果巧克力棒来讲至关重要。榛子形状必须匀称规则，气味香醇，甜美夺人。烘烤亦需均衡，以便保持特色。巧克力中的可可含量不能太低，否则香味就会被抑制。

这种巧克力吃了会让人精力充沛，因为榛子含有多种营养元素。研究表明，榛子可以降低罹患心血管疾病的风险，还富含维生素E，能保护皮肤免受紫外线的负面影响。

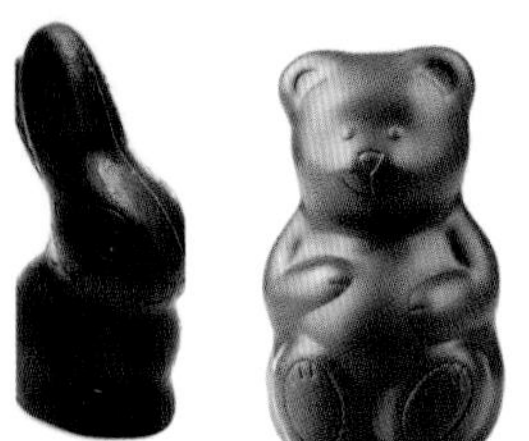

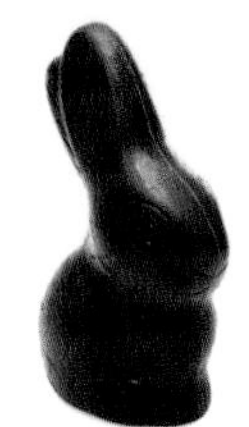

复活节彩蛋、铃铛、泰迪熊、兔子

1883年，俄国沙皇亚历山大三世委托皇室金匠大师彼得·卡洛·法贝热制作了一枚白金钻石彩蛋，想给他的妻子、丹麦公主玛丽亚·费奥多罗芙娜一个惊喜。如今，虽然复活节彩蛋是巧克力工匠们的一单大生意，但费列罗却专注于全年销售内藏小玩具的儿童彩蛋。由经理威廉·萨利斯发明的健达（Kinder）奇趣蛋可以追溯到1974年。虽然英国人和德国人更青睐兔子和泰迪熊，但1952年生产出来的瑞士莲金兔巧克力却是瑞士蜚声世界的象征。复活节时制作巧克力铃铛的传统仍在法国和比利时延续着。至于说复活节巧克力彩蛋是何时何地诞生的尚很难确定，因为法国、英国和意大利都在为“亲子关系”而争执不下。据法国巧克力历史学家凯瑟琳·霍多洛夫斯基和赫维·罗伯特介绍，1832 年，一位法国锡匠开始在巴黎销售巧克力模具，此后不久，复活节时，商店的橱窗里就摆满了彩蛋和铃铛。英国吉百利公司（现为亿滋集团）声称，自 1875 年以来，他们就一直在进行工业化生产。而意大利则主张，一位叫吉安博内的都灵寡妇先用巧克力做了两个蛋壳，然后把它们组合成一枚彩蛋。如今，技艺高超的大师们逐渐开始用手工图案来装饰巧克力彩蛋，以此来大胆诠释现代设计。20 世纪 80 年代以前活跃在都灵的西西里人圭多·贝利西玛，就是意大利巧克力彩蛋产业的一位领军人物。

消费数据

根据欧洲糖果工业组织（CAOBISCO）的统计数据，瑞士人和德国人是最热情的巧克力消费者，每年人均食用约 22 磅（10 千克）。此外，亚洲、大洋洲和东欧国家的巧克力销量也在稳步增长。虽然这种食品与这些国家的饮食传统相去甚远，但丝毫没有妨碍他们对巧克力的酷爱。在工业化程度最高的美国、英国、法国和意大利等国，消费者的选择更加健康。如今他们更

偏爱黑巧克力和单一产地巧克力，而不是牛奶巧克力棒。据世界权威市场调查机构欧睿国际（Euromonitor）估计，瑞士、比利时和德国仍然对巧克力一往情深，任何种类的巧克力都足以令他们没齿难忘。

名牌巧克力

当今天的我们兴高采烈地打开一盒巧克力、大饱眼福和口福的时候，必须要感谢一个人——移民到布鲁塞尔的瑞士巧克力商让·诺好事（Jean Neuhaus）。这一切都发生在1912年。3年后，他的妻子发明了用来盛放“诸神之食”的艺术品一样的纸板盒。

但为什么巧克力又叫普拉林（praline）果仁糖呢？这还得从在距巴黎以南两小时车程的小镇蒙塔日发生的故事说起。1636年，舒瓦瑟尔公爵的大厨普莱西斯－普拉斯林伯爵在厨房里出了一个小事故。他剥好准备做甜点的杏仁不小心掉到了一盘新鲜的焦糖里。公爵尝了一下，立刻赞不绝口。于是，这种食品便以普拉斯林的名字一炮走红。几年后，这位厨师自己开了一家名为梅森·马泽的法式蛋糕店，直到今天这家店仍在开门纳客，经营的是“地道的普拉斯林”。从那时起，不仅小小的爽脆糖果用杏仁制成，而且所有的夹心软糖都被称为“普拉林”。

巧克力店主要有两种类型：一种是中空的，里面馅料有焦糖、奶油、脆皮、杏仁蛋白糖、牛轧糖，或巧克力、可可脂、榛子、杏仁的混合物，不加奶油；另一种以甘纳许为基础，用巧克力、奶油和（或）黄油的混合物，经香精、咖啡、茶等香料调制而成。

这些食品给你带来的小惊喜此起彼伏，美妙绝伦。它们主要由比利时、法国和意大利人生产，还有部分是瑞士人的贡献。有些有确切的创造日期，并形成了自己的品牌，而有些则是欧洲法式甜点的共同遗产。可以根据馅料把巧克力区分开来。用糖、奶油或黄油制成的可以归为焦糖类馅料。典型的比利时糕点就属于此类。松脆甜点是17世纪中叶法国蒙塔日特色食品的现代版，用杏仁、榛子或开心果与焦糖混合，外面浇上巧克力即可。

“翻糖”（fondant）这个词，能令我们记起一种甜软的馅料，类似那种让英国人趋之若鹜、夹在两片黑巧克力之间的薄荷味馅料。使用利口酒心时，中空的巧克力将内裹一层糖衣，以免中间的酒溢出。另外，夹心软糖的馅料是用杏仁糊和糖做成的杏仁膏。奥地利的莫扎特巧克力球就是一个例子。牛轧巧克力糖并不是真正的普拉林，但是，正因为有巧克力涂层，它

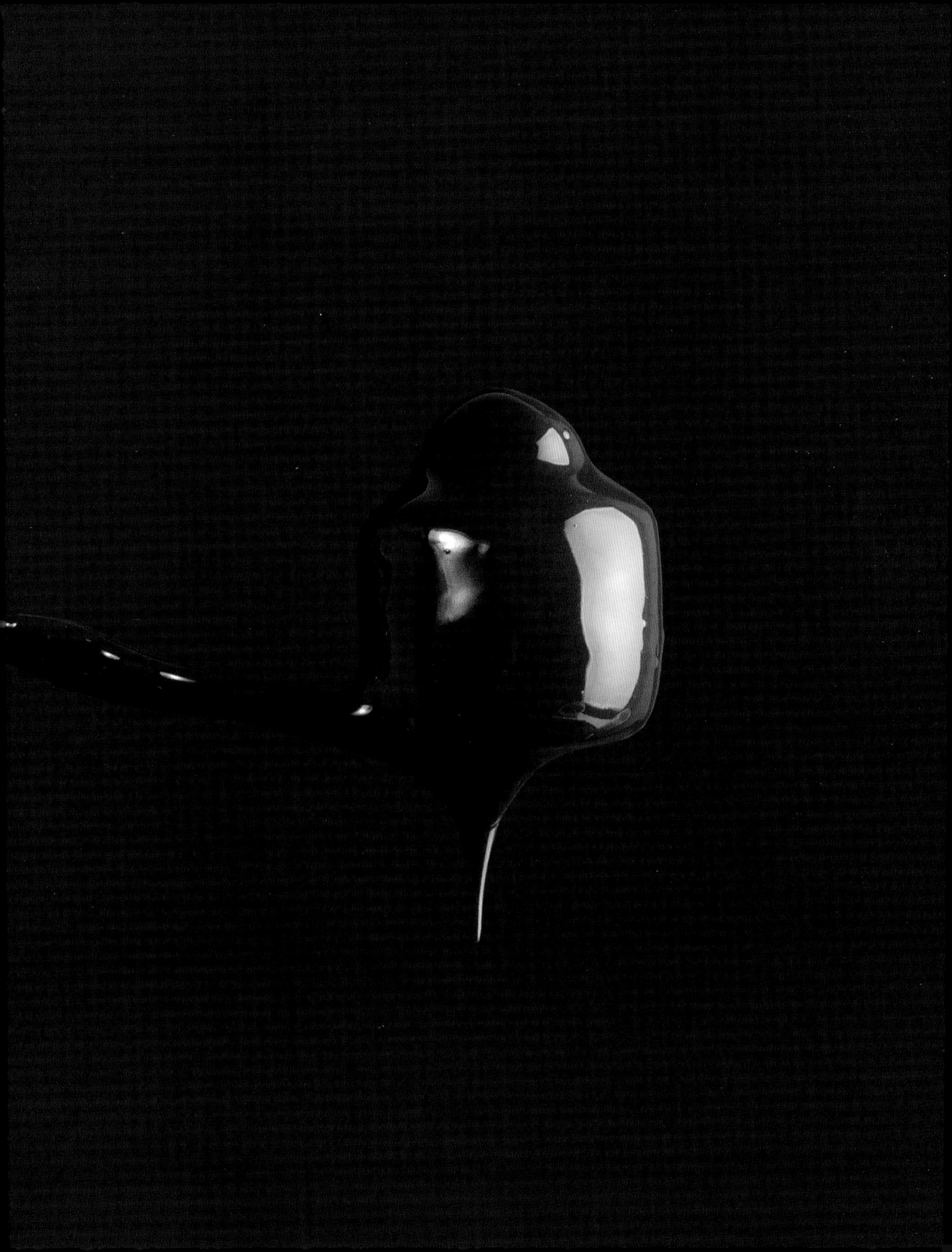

总能让人回忆起快乐的童年时光而从不背负贪嘴的负疚感。

随着时间的推移，有些类型的巧克力已经成为注册产品，如今在每家巧克力店橱窗的托盘上都屡见不鲜。主要的品种如下：

晚八点

晚上八点钟以后，你当然可以放纵自己。这种典型的英国巧克力是一种薄荷夹心薄片软糖，外面包着黑巧克力。

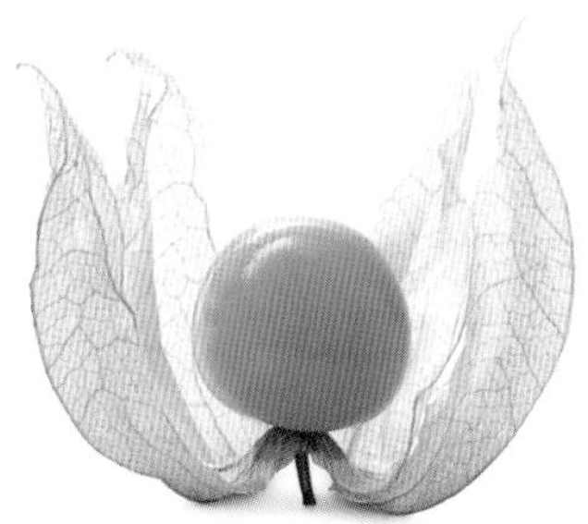

灯笼果

从技术上讲，它不是巧克力，而是一种巧克力果。它是一种橘色浆果，学名叫锦灯笼。冬季来临的时候，米兰的法式糕点店会把它包在黑巧克力里。最近这种做法则在整个意大利北部风行。巧克力的甜与浆果的酸形成了妙不可言的鲜明对比。

芭喜

芭喜算得上是意大利最著名的巧克力，令人啧啧称奇的还有包装里附带的写着不同爱的箴言的小纸条，1922年在佩鲁贾问世。内有吉安杜佳馅料，最上面有一颗完整的榛子。最初，因其形状像握紧的拳头，人们称之为“拳击”（cazzotto）。塞内卡在设计产品广告时改掉了原有的名字。广告的灵感来自于海耶兹的名画《吻》（“芭喜”是意大利语中“吻”一词的音译）。

樱桃酒心

樱桃酒心（或白兰地、黑樱桃酒心）巧克力是一个伟大的经典。在意大利，有樱桃柄的叫伯埃罗（boero），无樱桃柄的叫普瑞费里多（preferito）。这款巧克力产自匈牙利，可以追溯到1884年由瑞士人埃米尔·热尔博开办的法式糕点店里。

克里米诺

这款三层巧克力由费迪南多·巴拉蒂在都灵创造。1858年，他和搭档爱德华多·米兰诺开了一家前店后厂的糖果店。他们把吉安杜佳榛子巧克力与牛奶、咖啡或柠檬巧克力交替搭配使用，做成名为“吉他”的特殊方形，便于切出规则的方块。

克里克力

它们看起来像糖果，因为包装方式与糖果的大同小异。人们把19世纪末到“一战”爆发前这一时期称作“美好时代”，而这款巧克力就是此时在都灵推出的。这种巧克力球中间有一整粒烤榛子，外覆黑巧克力和彩色糖粒（mompariglia）。

朗姆黑巧

意大利皮埃蒙特地区家喻户晓、令人垂涎三尺的特产。据说它是在库内奥省附近的德罗内罗诞生的，1923年由阿里奥内法式蛋糕店注册。美国作家厄内斯特·海明威对它钟爱有加。

做法是用一种特殊的朗姆酒口味巧克力酱把两个半球形浅色蛋白酥皮黏合在一起，上覆黑巧克力。20 世纪 50 年代，彼得罗·库西诺对配方做了改进，将奶油倒入纯巧克力壳中，以便古巴朗姆酒能保存得更好，进而使朗姆黑巧行销全球。

糖衣果仁

一种小巧克力，用蜜饯橘子、杏仁、榛子或外覆巧克力的浆果作为夹心，20 世纪初由都灵的闻绮工厂投产。在 1884 年意大利世界博览会上，糖衣果仁成功摘取了金牌。

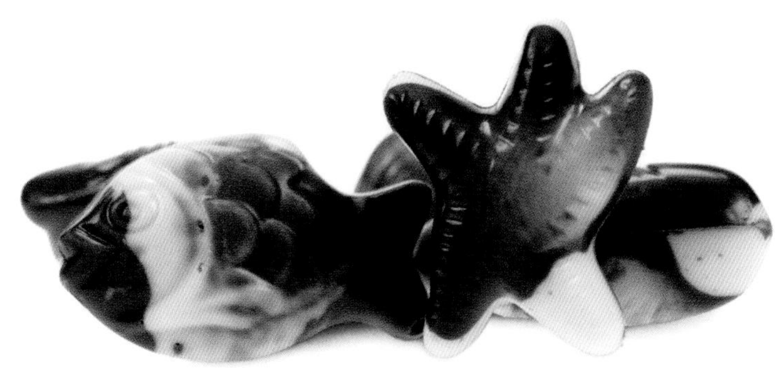

海鲜

贝壳形状的巧克力，普拉林馅料，理石状涂层，是吉利莲（Guylian）品牌的旗舰产品，也是比利时的标志性普拉林特产。1958 年，巧克力商吉·福贝尔和利莲喜结连理。这段美好姻缘促使他们把两个人的名字合二为一，成就了今天风靡全球 140 个国家的浪漫品牌。

吉安杜奥提

19 世纪中叶面世于都灵的吉安杜佳巧克力，突显了都灵狂欢节的特色。其倒船形可以通过 3 种不同的工艺来实现：双刀手工、翻模或机压。原料有榛子、可可和糖。最初的配方加入了奶粉，用咖啡、辣椒或其他香料调香。

瑞士莲

最为知名的瑞士莲夹心软糖，1967 年诞生于苏黎世。从技术上讲，它由两个中空巧克力半球经软馅料填充而成。初始产品系牛奶巧克力，此后，约有 20 个不同馅料的品种相继上市，如草莓、卡布奇诺、焦糖、芒果、柑橘等。

莫扎特巧克力

为纪念沃尔夫冈·莫扎特，1890 年由奥地利萨尔茨堡糖果商保罗·菲尔斯特创作。他没有给自己的发明注册名字，现在很多人都生产这种“莫扎特球”，馅料是开心果杏仁膏。时至今日，在其诞生的作坊里，人们仍然采用手工制作。

圆饼巧克力

一种巧克力华夫饼，上面嵌着四种不同类型的干果，其颜色让人穿越时空想起中世纪四种募缘会士身上披挂的长袍——道明会士的杏仁、方济会士的榛子、圣衣会士的无花果和圣奥古斯丁团隐士的浆果。

那不勒坦

方形迷你巧克力块，重5克，与浓缩咖啡一起享用，独立包装。

黑色脆香

1922年，由金融家里卡多·瓜利诺开办的爱迪亚公司在都灵独创，后经闻绮联合公司（合并了爱迪亚）和闻绮公司成功推出。将皮埃蒙特榛子切碎并焦糖化，外覆黑巧克力，便形成了这种椭圆形松脆夹心糖。

金饼

一种黑巧克力圆盘，上覆一片金箔，馅料是咖啡甘纳许，19 世纪末由古波旁行省省会穆兰的糖果师伯纳·塞拉迪在法国发明。遗憾的是，这位工匠没能为自己的专利产品申请注册保护。如今，金饼已成为世界上所有巧克力厂的共同遗产。

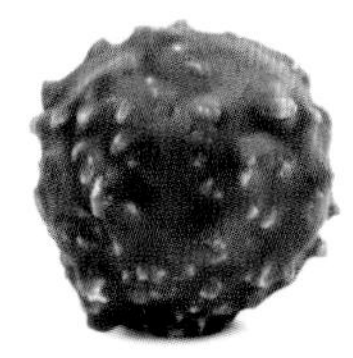
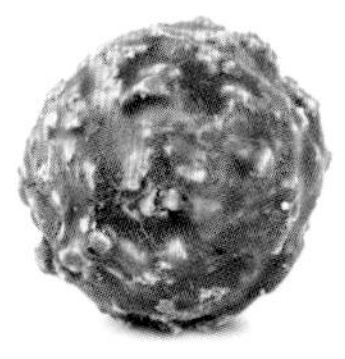

榛果威化巧克力

比利时和法国的经典甜点。整粒榛子夹心，外覆酥脆威化皮或杏仁“普拉林”，最后用巧克力和榛子粒涂层。

松露

用巧克力甘纳许制成的小软球，上面撒着可可粉。因其形状而得名，让人每每记起那种地下生长的有名的蘑菇。

巧克力橘条

基本上算是一条蜜饯橘皮。自 17 世纪以来，它一直是都灵附近卡里尼亚诺小镇的特产，也可与柠檬、南瓜、姜等蜜饯瓜果一起制作。当黑巧克力附体后，那种贪婪的喜悦简直不可方物。

糕点 艺术

从18世纪末到19世纪初，糖果界开始用巧克力来宣泄自我，奥地利、法国和德国业界表现得尤为突出。香醇诱人的蛋糕和难以抗拒的糕点在饕餮圣地的橱窗里出尽风头。以可可豆为原料制作的特产数不胜数。我们只能给各位介绍那些有产地“品牌”和相对明确诞生日期的品种。其中许多都与浪漫爱情故事、贪吃的公主和王后，甚至与长期法律纠纷有千丝万缕的联系。

阿萨布（约1915年）

这是一款历史悠久的蛋糕，由两层巧克力糕点和多层巧克力海绵蛋糕交替制作而成。两者都用朗姆酒轻微浸过，里面填充了榛子奶油、榛子和黑巧甘纳许。名字取自1882年被“征服”的厄立特里亚的阿萨布湾，该湾是意大利殖民胜利的遗产。两年后，一群厄立特里亚丹卡利部落的土著作为“战利品”被带进了都灵国际展览会。他们的出现引起了人们的强烈好奇，并激发了许多意大利糖果商的灵感，饼干、甘草点心等相继出笼。而受到启发最早制作蛋糕的当数阿尔萨斯的糕点师古斯塔沃·普法蒂斯。1915年，他在都灵开了一家雅致的糕点店。如今，仍在生产阿萨布蛋糕的这家店，已经成为意大利的历史古迹之一。

巴罗齐（1907年）

低矮，紧凑，长方形，按照秘密配方用黑巧克力、黄油、花生、杏仁和咖啡手工制作。1907年，巴罗齐诞生于摩德纳和博洛尼亚之间的维尼奥拉樱桃小镇，由糕点师尤金尼奥·戈里尼制作。他将这款蛋糕献给了他的同胞、16世纪著名的意大利风格主义建筑师贾科莫·巴罗齐（1507—1573年）。

布朗尼（1898年）

这种软蛋糕由面粉、黄油、巧克力和鲜蛋做成，被切成正方形，上覆光滑的杏子或浇有黑巧，是美国最受欢迎的蛋糕之一。可以搭配一点奶油、一勺冰淇淋或咖啡。布朗尼（因棕色而得名）的种类很多，有的产地就是一些叫“布朗”的城市。布朗尼1898年首创于芝加哥帕尔默酒店。至今酒店仍按原始配方出品杏子蛋糕。第一个配方在几年后的1904年于波士顿诞生，但是配料里面加入了切碎的核桃。

圣诞原木蛋糕（约1945年）

新年期间，“圣诞原木”形状的蛋糕是法国家庭的传统必备食品，1945年由巴黎糕点师制作，以庆祝第一个没有战争的圣诞节。目前，这种习俗在比利时、黎巴嫩、魁北克等法语国家和地区十分普遍。先把巧克力奶油涂抹在薄薄的长方形海绵蛋糕上，然后把蛋糕慢慢卷起，上覆黑巧糖霜即可。原木蛋糕种类繁多，不一而足。

卡普里（约1920年）

20世纪20年代由卡普里岛的一位糕点师制作。原料有切碎的黑巧克力、切碎的去皮杏仁、糖、黄油和鸡蛋。不含面粉，因为据说糕点师把面粉忘得一干二净了。

颓废蛋糕（约1980年）

20世纪80年代初风靡美国。人们将这种无面粉蛋糕视为所有巧克力控的“颓废梦想”。它由黑巧克力和黄油等量混合，加入可可粉、鸡蛋和奶油制成。它可与覆盆子酱搭配食用。

魔鬼蛋糕（1901年）

美国家庭主妇干脆称之为“魔鬼之食”（指可可的“罪恶”起源）。1901年，这种巧克力蛋糕的配方首次见诸威斯康星州密尔沃基出版的、美国历史最长的烹饪书《定居食谱》（*The Settlement Cook Book*）中。魔鬼蛋糕系三层黑巧克力海绵蛋糕，相间柔软的鲜奶油。人们把这本专为美国移民准备的食谱当作美裔犹太人料理的基础文本，迄今已有众多版本付梓。

130：据说，深受美国人热捧的布朗尼蛋糕诞生在芝加哥

多伯斯（1885 年）

1885 年为布达佩斯博览会而做，以发明者、糕点师卡尔·约瑟夫·多伯斯的名字命名。这款诱人的匈牙利蛋糕由六层海绵蛋糕组成，中间点缀着奶油和巧克力馅料，上面涂着闪亮的焦糖。

福雷斯塔（约 1920 年）

薄巧克力片制成的原木形蛋糕，恰似多生的树干连在一起。20 世纪 20 年代由那不勒斯的盖伊·奥丁糕点店发明。1894 年，该店由皮埃蒙特巧克力商伊西多罗·奥丁和奥诺琳娜·盖伊夫妻俩创建，在那不勒斯、米兰和罗马设有分店。

蛋糕的命名灵感来自于美国南部密西西比河的“河泥”。人们视其为美国“南方”美食的经典。它是一种发酵巧克力蛋糕，中间膨松柔软，大量浓醇可可酱的使用让人联想到“河泥”。适合用香草冰淇淋佐餐。

132—133：20 世纪 70 年代，密西西比泥饼在市场上所向披靡

欧培拉（1960 年）

巴黎最为有名的巧克力咖啡蛋糕。位于法国首都的雷诺特和达洛优两个甜点店均声称欧培拉是其本店原创。这种三层海绵蛋糕［法国人称“久贡地”（biscuit joconde）］，用金万利（Gran Marnier）酒浸润，相间涂上甘纳许咖啡奶油。传统欧培拉应是正方形或长方形，并覆上一层光滑的黑巧。

帕罗佐（1926 年）

外皮为黑巧克力，是一种以杏仁为基础的橘味发酵蛋糕，1926 年在意大利佩斯卡拉作为圣诞蛋糕面世，意大利诗人加布里埃尔·邓南遮给它起了个很土的名字“帕罗佐”。

巧克力酥球（源于 16 世纪）

这款伟大的经典现代糕点诞生于 20 世纪。配方是泡芙酥面内填香缇丽鲜奶油（chantilly cream），外覆黑巧，形成一个诱人的泡芙塔（croquembouche）。它的起源似乎可以追溯到凯瑟琳·德·美第奇的宫中。1547 年，她嫁给法国国王亨利二世。这种法式甜甜圈（beignet）由她的大厨波佩里尼制作出来后，立即征服了法国人。

古巴驿站蛋糕（2004 年）

意大利古巴巧克力公司创始人佩德罗·库西诺谢世 10 年后，他的家人制作了一款蛋糕，这款蛋糕至今仍是库内奥市中心巧克力店的象征。它用由大米、玉米和可可粉制成的海绵蛋糕制作，称为“杜维奇”（Due Vecchi），填充的是闻绮吉安杜佳超级 15 巧克力酱，配特级初榨橄榄油和皮埃蒙特地理标志榛子。外皮是黑巧克力，边缘饰有 80% 的鱼子酱黑巧。

里戈·扬西（约 1898 年）

匈牙利蛋糕，20 世纪盛行于意大利港市的里雅斯特，如今这一美食传统已失传。这款蛋糕讲述了小提琴演奏家齐甘尼·里戈·扬西（Tsigane Rigo Jancsi）和美国演员克拉拉·沃德之间的爱情故事。由两层巧克力海绵蛋糕组成，中间夹有奶油和黑巧克力，最后涂上巧克力外皮。19 世纪末，布达佩斯一家酒店的主厨将它献给了扬西。

134：用天鹅绒般的苦巧克力浇头的巧克力酥球

萨赫蛋糕（1832年）

毋庸置疑，这款世上最著名的巧克力蛋糕，是奥地利对“诸神之食”的杰出贡献。它的历史充斥着法律纠纷，时至今日，五大洲林林总总的糕点店仍在随心所欲地加以仿制。1832年，时年16岁的弗朗茨·萨赫（Franz Sacher）在为冯·梅特涅首相服务时根据古法制作了这款蛋糕。然而，半个世纪后，人们才开始宣称它的诞生。据史学家介绍，一些法国厨师也为此做出了自己的贡献。1848年，萨赫在维也纳开了一家糕点店。1876年，他的儿子爱德华为国家歌剧院对过的萨赫酒店举行了开业典礼。该五星级酒店至今仍在运营。

20世纪30年代，维也纳另一家糕点店德梅尔开始生产一种与萨赫非常相似的蛋糕，于是两家对簿公堂。最终，萨赫家族赢了这场官司——只有他们制作的糕点才可以使用“正宗萨赫蛋糕”这一品牌。所以，在首都维也纳，你能见到两种类似的蛋糕：德梅尔的杏酱夹在外皮和蛋糕之间，而萨赫的则夹在蛋糕中间。

萨伏依蛋糕（1713年？）

名不副实的这款蛋糕并非产自皮埃蒙特（意大利西北部的一个大区。萨伏依王室于1416年成为公国，1563年公爵伊曼纽尔·菲利贝托迁居于此，故人们习惯于将萨伏依与皮埃蒙特联系在一起。——译者注），而是有着古老的西西里渊源，在巴勒莫最著名的糕点店中世代相传。由于《乌得勒支条约》的签订，萨伏依的维托里奥·阿梅迪奥二世加冕西西里国王，直到数年后该岛归还给哈布斯堡家族。据当地传说，1713年12月24日这一天，他在巴勒莫让手下制作了这种甜点。不过，也有人称这种蛋糕系卡塔尼亚修道院的修女制作的。今天的配方包括三层海绵蛋糕，中间夹着吉安杜佳奶油，黑巧外皮上写着“萨伏依”字样。

137：奥地利沙河蛋糕也许是最为流行的巧克力甜点，世界各地的糕点师都会制作

Hotel Sacher
WIEN

施瓦茨瓦尔德（1915年）

在“诸神之食”的美食地理学中，正是由于这道甜点，才使德国有机会占据一席之地。在德语中，它也被称为“黑森林樱桃”（Schwarzwälder Kirschtorte），1915年由波恩拜德哥德斯堡地区的糕点师约瑟夫·凯勒发明。这是一款非常丰盛的美食，有多层巧克力海绵蛋糕，中间夹着奶油，用鲜奶油抹面，添加黑巧克力薄片，用蜜饯加以点缀。

七层蛋糕（1997年）

这是意大利糕点的骄傲，因为1997年它在里昂赢得了世界糕点冠军。冠军队由克里斯蒂安·贝杜奇（科尔蒂纳丹佩佐市）、路易吉·比亚塞托（帕多瓦市）和卢卡·曼诺里（普拉托市）组成。教练是意大利糖果大师研究院的创始人伊吉尼奥·马萨里。这是一款现代多层蛋糕，仿制者众多，但只有参加过这一国际赛事的4名获奖选手店里制作的这一注册品牌产品才算“正宗”。蛋糕外皮光滑，用金箔装饰，馅料为柔绵的巧克力慕斯，用巴伐利亚普拉林烤榛子点缀其间，配有巧克力泡芙松饼，底层为脆皮谷类。

塔图法塔（1907年）

这款大受欢迎的蛋糕的特点，是用巧克力做成“柔软的幔帘”。这是1907年在维切里市开张的福利斯糕点店对它的描述。多年来，他们始终恪守着这一制作传统。将三层海绵蛋糕沾上朗姆酒和黑樱桃酒，以榛子鲜奶油为馅料，外皮边缘沾上榛子粒。维切里声称这款蛋糕诞生在该市，但关于制作年份语焉不详。从20世纪中叶开始，都灵的普法蒂斯糕点店就开始在星期天用一种叫“节日”的甜蛋糕来招徕顾客。这种蛋糕与塔图法塔非常接近，只不过底层巧克力更多。

特内丽娜（20世纪初）

20世纪初始创于费拉拉市。为纪念萨伏依国王维克托·伊曼纽尔三世的妻子、来自黑山的埃琳娜，它被称为“黑山蛋糕”或“黑山女王蛋糕”。特内丽娜用黑巧克力、糖、鸡蛋和面粉制作，外脆里软。

提拉米苏（20世纪50年代）

尽管出现时间并不长，但它当仁不让是世界上最著名的意大利甜点。作为意大利风味美食的代名词，“提拉米苏”可以在全球23种语言中找到。提拉米苏由诺玛·佩利在托尔梅佐的罗马酒店餐厅里手工制作（原始书面文档证明，制作时间在1954年至1959年），1970年，由糕点师洛利·林加诺托在特雷维索的艾尔·贝基尔餐厅注册。在食谱书上发表的第一个配方可以追溯到1983年。这是一款软甜点，用咖啡泡过的松脆饼、忌廉芝士制成，最后撒上大量可可。

苏黎世（约1930年）

外观类似于黑森林蛋糕，但做法有所不同，现被一家位于都灵的拥有自主知识产权的皮内罗洛糕点店注册。皮埃蒙特是著名的皇家骑兵学校所在地。20世纪30年代，糕点师朱塞佩·卡斯蒂诺有关这款蛋糕的创意就是在这里萌生的。国王维克多·伊曼纽尔三世的女儿、萨伏依公主约兰达是皮埃蒙特的常客。一天，她委托卡斯蒂诺特制一款蛋糕。这款蛋糕作为约兰达拜访瑞士友人的伴手礼被带到苏黎世。如潮的好评促使卡斯蒂诺将其投入规模生产，并称之为“苏黎世蛋糕”。它是由可可酥饼制作的华夫蛋糕，馅料为香缔丽鲜奶油，添加牛轧糖片和黑巧克力。白色外皮上装饰有巧克力叶片和酒渍樱桃。

食疗巧克力

18到19世纪中叶，人们把巧克力看作一种包医百病的良药。1826年，法国美食家布里亚·萨瓦兰在其死后出版的美食史上的重要论著《味觉生理学》中的叙述，算是一个旁证："如果有人贪图口舌之快而酩酊大醉；如果有人全然案牍劳形而废寝忘食；如果有人原本精神抖擞却短时郁闷；倘若空气过于潮湿，时间走得太慢，气氛明显压抑；假如你沉迷偏执而无法自拔，假如你孤苦伶仃、形单影只，那就喝上一品脱琥珀味的巧克力吧。"

这是老生常谈还是有案可稽？别担心，继续培养你对可可的热情，丢掉如影随形的负罪感和对糖尿病的焦虑。事实证明，巧克力不含胆固醇（只存在于动物源性食品中）。它不是令人上瘾的药物，也不会导致蛀齿或肥胖。

近期科学发现揭示出许多正面特性：含有高比例可可的黑巧克力是一种抗氧化剂。由于类黄酮在其中起作用，致使血液稀化，是理想的血管清道夫。血清素和苯乙胺使巧克力成为一种有效的减压剂，而可可碱则让巧克力变成了一种很管用的兴奋剂。

心脏和大脑

可可富含有利于健康的天然化合物——类黄酮。它们存在于许多植物中，喝一杯绿茶或红酒，都有助于你对它们的吸收。然而，一杯热巧克力的类黄酮含量是巴罗洛或波尔多红酒的两倍，是热气腾腾的阿萨姆红茶的3倍。美国的研究表明，每天摄入一定量的黑巧克力，可以有效减少诱发心血管疾病的主要风险因素。

意大利的研究进一步突显了“诸神之食”对大脑神经的保护作用，因为它可以提升人们的专注力、理解力甚至记忆力。因此，我们认为并相信，食用适量的巧克力对心脏和大脑都有好处，但你不该像二百年前那样把它当成一种药物，或者用它来替代药物。通过分析可可中的矿物质成分，人们发现了对人体有益的物质，如镁、磷、钾和一些维生素。

减压剂和兴奋剂

我们要感谢意大利裔美籍科学家丹尼尔·皮奥梅利，是他发现了只有黑巧克力中含有“快乐分子”花生四烯酸乙醇胺（anandamide）。它也是一种能刺激大脑的脂质介质和大麻素。这个词源于梵语ānanda，意思是“幸福”。据一位美国神经学家讲，巧克力是一种疗效很好的抗抑郁药，因为它能刺激大脑奖赏系统中的神经元受体。可可碱中的镁可促进生成血清素，从而能调节情绪、睡眠、食欲甚至性欲。

事实上，巧克力中有两种物质，一是咖啡因，不过一杯咖啡所含的量是它的10倍，因此对睡眠没有副作用；二是可可碱，因其仅含在可可之中，故名。可可碱能抑制紧张状态时恐惧荷尔蒙（即肾上腺素）的产生，因此，它除了能让人放松，还能刺激人们采取行动。

全身心品味

巧克力大师在品鉴巧克力时会用到一些特定的参数，同时还需要经验、专业精神和感官分析。即使主观因素总会先声夺人，但品鉴巧克力称得上是一门精密科学。葡萄酒的品尝通常分几步走，即视觉、嗅觉和味觉，巧克力的品鉴大抵如此，只是在技术、评估方法和涉及到的感官方面做了微调。当然，经验是一个决定性因素。我们的感官对任何食物都一样，是建立在记忆的基础上的。如果黑巧克力棒的气味让人联想起成熟的水果、烟草或咖啡，那么品鉴就会相应地去寻找甜味、苦味或酸味，并将它们与我们大脑中储存的气味记忆进行比较。

为了正确地理解“诸神之食”，仅有酷爱是远远不够的，你还必须知道如何去品鉴它。品鉴巧克力时，起码要记住三条：其一，使出浑身解数，动用全部感官；其二，全神贯注，不能边看电视边吃，边对单一产地黑巧克力进行感官分析；其三，不可狼吞虎咽，只能用舌中抵住上颚，任由“诸神之食”在口中慢慢消融。

为了更好地感知可可豆中大约 500 种秘香，建议你不要在吃饭的时候去品鉴。有些人在清晨 6 点醒来，喝上一杯水，便开始品鉴巧克力，不过这可能有点儿过分……最好是房间里没有喧宾夺主的气味，温度亦不应太高，约在华氏 68 度至 71 度（摄氏 20 度至 22 度）即可。另外，如果你是烟民，至少要在品鉴之前一小时禁烟，忌用任何香水。

品鉴巧克力棒可以通过参照、比较来完成：

· 单一产地巧克力的可可只来自一国，但由不同公司生产；
· 同类巧克力（牛奶、黑巧等），但可可含量不同；
· 生产商相同，但巧克力类型不同（白色、牛奶、吉安杜佳、黑巧）；
· 同一生产商生产的巧克力或普拉林，但馅料不同。

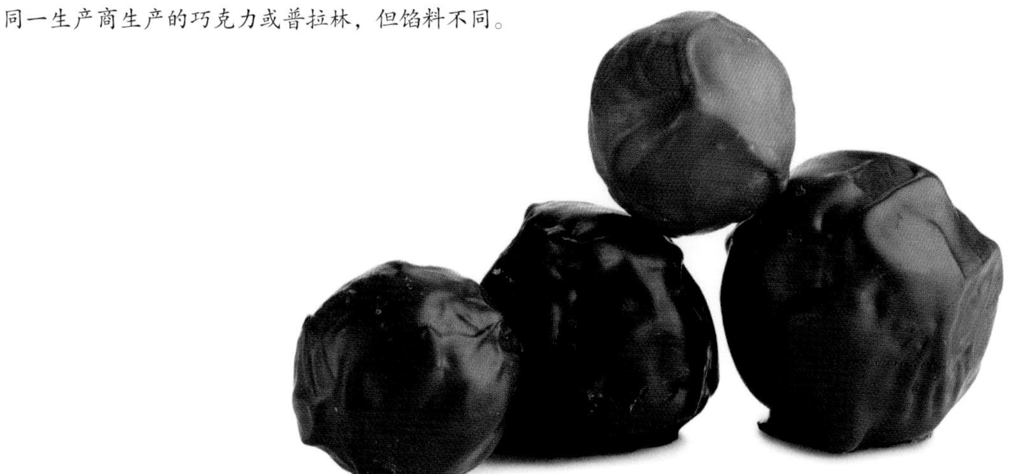

一些人认为，为了更客观地做出判断，有必要遵循一条“步步高”的品鉴路径，即从品质较低、甜味较重（可可含量较低）向更趋多元、苦味较浓的巧克力过渡。不过，从迎接压碎的烤可可豆的冲击开始，把味蕾充分调动起来，然后再品鉴各种巧克力棒，可能会更加有趣味。

视觉

令人望眼欲穿！聚焦巧克力的颜色和质地。检查一下是否有光泽，或者有无哑光。牛奶或吉安杜佳的颜色必须是浅赭；黑巧须是红褐色，可以是深浅不一的棕色，但不能呈黑色。如果巧克力棒的颜色偏红，那就意味着它是用上佳的芳香可可制作的。克里奥洛颜色最浅。为了评估缺陷（斑点、孔隙度、条痕），还应观察其下部。下部必须要有光泽，才是回火良好的表现。重要的是，没有白色或灰色可可脂露头，否则就表明保存不当。把巧克力棒掰开时，必须没有酥碎，看不到内部气泡，否则就是结晶不完美。

听觉

不要惊讶，听觉也能帮助你了解巧克力的品质。把巧克力在耳边掰开，你应当能听到悦耳的“啪”声。声响必须清晰可辨，不应有柔弱沉闷之感。

触觉

可以通过两种方式来完成：用指尖触摸巧克力棒的表面，感觉它的丝滑或由于可可粒形成的粗糙；或者用舌头在嘴里评估巧克力的融化速度，巧克力必须迅速融化，才能让你顿生香气袭人之感。

嗅觉

有些专家只需用鼻子就能分辨出可可豆的种类。通过积累丰富的实践经验，你也可以步入这个境界。有个简单的练习可以帮助你训练自己：闭上眼睛，闻一闻可可占比50%的机器制造的黑巧克力棒，然后再嗅一嗅可可占比75%的单一产地手工制作的。第一种是甜甜腻腻的香草味道，而第二种则是更为深沉繁复的可可芳香。就牛奶巧克力而言，如果质量上乘的话，除了新鲜奶油的香味外，还普遍有一股焦糖味。你也可以用鼻子来分辨缺陷。假设你能闻到一点奶酪的味道（在某些生巧或极端产品中并不罕见），那就是可可豆研拌欠佳。更糟糕的情况是，假设你能闻到霉菌或酸臭的味道，说明产品已经变质。利用嗅觉，你可以拾回对于诸如咖啡、鲜果或干果、木材、甘草、蜂蜜、烟草、香料等的感官记忆。

味觉

终于等来了最令人期待和最使人愉悦的时刻。你会发现，待其他感官轮番上阵后再让味觉出场，能让品鉴过程更加完整，惬意无比，毕竟，浓醇度、丰富度、精细度、持久性、平衡性等巧克力的特性只有通过品尝才能参透。巧克力棒必须在甜、苦、酸之间保持微妙的平衡。最后还有惊喜，即使巧克力在口中融化几分钟后，你仍能感受到余韵，“回味”无穷。这就是可可的所谓“深沉”或“绵长”。你也可以用味觉去感知巧克力幽柔（极佳）、粗糙（缺陷），黏稠（不宜过分）或干枯（令人不爽）的肌理。如果你是初涉秘境，没能发现这些细微曼妙，也不必泄气。在掌握了上述技巧后，你就会顿悟：完美寓于品尝之中！

美美与共

为了让味蕾陶醉在巧克力棒的芳香和弦交响之中，充分体味可可豆的深沉，先喝杯水是个很好的习惯。如果你乐于沉湎享受，那么，可可与饮料、香料共处时所展现出的美食亲和力会令你震惊和臣服。比方说，香草、粉红胡椒、豆蔻甚至草莓的香味和白巧克力极搭，牛奶巧克力或吉安杜佳巧克力与所有干果都是绝配，黑巧克力和辣椒、肉豆蔻或酸性红果堪称天生一对。

曾经有人认为，有了“诸神之食”，就不该再去喝葡萄酒，但现在许多专业品酒师已经证明，事实并非如此。如果你想在享用巧克力甜点时配上一杯葡萄酒，不必顾忌太多。滋味从品尝中来，采取开放的姿态尽情享受感官体验吧。

咖啡

咖啡豆原产于埃塞俄比亚（阿拉比卡）和中非的小灌木中。就像可可一样，它们必须经过烘烤才能产生芳香，然后转化为热饮料。因其刺激特性，咖啡常被比作热巧克力。

很多人说，咖啡和巧克力不搭，因为咖啡带有一定酸性的浓烈香气，和低调隐匿的巧克力的“持久”芳香比起来，更加张扬。其实并不尽然。实际上，18 世纪晚期的意大利传统给我们留下了两种久盛不衰的饮料，见证了玻璃杯中咖啡和巧克力的美满联姻——由巴伐利亚（bavaroise）饮料演绎出来的都灵巧克力咖啡和米兰牛奶巧克力咖啡。

在都灵市中心广场上，有一家顾客盈门的小巧克力店。它就是 1763 年开张的“巧克力咖啡馆”。这间精致的小店保留着原始的陈设，专售咖啡、热巧克力和牛奶奶油。饮品喝起来不必搅拌，其名字来自于盛这种饮品的没有把手的小玻璃杯（bicerin）。

米兰则声索牛奶巧克力咖啡（barba jada）的原创权。它的配方与都灵巧克力咖啡类似，只不过添加了美味的鲜奶油。这种饮料的名字让人想起斯卡拉歌剧院的抒情指挥多梅尼科·巴巴贾（1778—1841

年)。醉心于这款饮品的他似乎为其面世做出了贡献。它源自“巴伐利亚”，起初是一种由茶、牛奶和酒制成的饮料，经过多年的演变，出现了一些变异品种，如添加咖啡和巧克力。但是，别把它和“巴伐利斯”(Bavarese)混为一谈。巴伐利斯是用英式奶油、鲜奶油和果冻做成的布丁，18世纪初由统治巴伐利亚的维特尔斯巴赫王室的厨师在法国制作而成。

国际上有一款巧克力特色产品——咖啡邦邦(coffee bon bon)。制作方法有三种：其一，黑巧克力壳里加液态咖啡；其二，奶油状咖啡用作克里米诺的一层或普拉林中甘纳许的一种成分；其三，果仁上直接覆盖黑巧克力或牛奶巧克力，制成糖衣果仁(dragée)。

就甜点而言，咖啡是“很难驾驭”的原料。有些甜点的传统标志性酸度被可可所稀释，比如法国的欧培拉蛋糕、意大利的提拉米苏和皮埃蒙特的馅饼(bônet)。

当你想把巧克力和咖啡搭配饮用时，别忘了黑巧克力与雅致的埃塞俄比亚摩卡咖啡是天造地设的一对儿，哥伦比亚咖啡是蛋糕或白巧克力慕斯的理想伴侣，圣多明各的咖啡豆是普拉林纳托(Pralinato)的缠绵情人。

世界各地的人在泡吧时发现，意大利浓缩咖啡会和拿破仑蛋糕一起端上来。这种现象日益普遍。那一小口巧克力为咖啡的啜饮平添了乐趣，甚至都可以将糖取代。

茶

茶是世界上最常见的饮料，由原产于中国和印度的植物叶片制成。这些叶子经过干燥，有时也经过发酵（红茶），然后便可泡饮。行家里手能品鉴出上千种类型的茶，其中中国茶和印度阿萨姆茶总是与众不同，独树一帜。与“诸神之食”搭配司空见惯，也“易如反掌”——要么当作饮料与巧克力一起品尝，要么作为清淡普拉林的配料。

各种组合千变万化，不胜枚举。例如，单一产地的阿里巴（Arriba）赤道拿破仑蛋糕，可以和带有佛手柑香味的格雷伯爵茶一起品尝，美轮美奂。与之形成鲜明对照的是，白巧克力的甜味和绿茶的苦味，相辅相成，相得益彰。对于普拉林来说，有杏仁味的印度大吉岭茶堪称完美，而牛奶普拉林与中国发酵茶乌龙茶最为般配。

啤酒

直到几年前，把啤酒花和可可豆联系起来都还是与众不同，离经叛道，甚至有失体面；但是现在，这种混搭受到了人们的狂热追捧。做法有两种：其一，用可可制作手工啤酒，在“烹调”过程中加入可可豆，通常用于黑啤酒和博克啤酒；其二，在品尝巧克力时啜饮烈性啤酒。

还有别的什么建议吗？以麦芽为主料的黑啤酒，麦芽烘烤时间较长，度数更高，苦味更重，通常有明显的“可可”和“咖啡”香味，与黑巧克力珠联璧合。但即便如此，也有必要以开放的心态多去尝试，如白巧克力普拉林略带辛辣的甜味，与结构良好、苦中带涩的波特啤酒或大麦啤酒可算琴瑟和鸣。在英国产啤酒中，最好选择发酵度高的真麦啤酒。

一些工匠制作的普拉林，把“苦啤酒”用作牛奶巧克力的夹心。在有着特拉普啤酒（Trappist Beer）和上佳巧克力的比利时，啤酒和巧克力搭配产品琳琅满目，像松露巧克力、巧克力球和夹心巧克力等等。

葡萄酒

长期以来，每逢人们提出食物和葡萄酒的搭配建议时，都把黑巧克力打入“不适合搭配”的冷宫，从而忽略了这样一个事实，即某些种类的巧克力实际上可以做出一些非常有趣的口味搭配。例如，吉安杜佳巧克力融合了榛子和可可的感官特性，这一组合足以令人莫名兴奋。

闻绮的特色产品吉安杜奥提就是一个典型的例子。这种可可占比56%的黑巧克力，辅之以吉安杜佳馅料，是巴罗洛（Barolo）或内比奥罗（Nebbiolo）葡萄酒的完美搭档。

黑巧克力自己就可与葡萄酒中造成过度涩味和苦味的单宁形成强烈的反差。另一方面，吉安杜佳的美味与这种酒体很协调，而榛子中的脂肪与巴罗洛葡萄酒的酸度恰好形成完美的均势。

有一种黑巧克力算是特例，那就是以成熟樱桃香味而闻名的果味委内瑞拉。它与阿玛罗尼（Amarone）、斯福扎特（Sfursat）或蒙特普齐亚诺·德·阿布鲁佐（Montepulciano D’Abruzzo）葡萄酒很搭。同样，一杯按照经典方法酿造的含气葡萄酒（法国香槟、意大利弗朗齐亚柯达、特伦托或上朗格起泡酒），可与榛子白巧克力、杏仁、咸开心果或带甜咸外皮的松露巧克力搭配。这种干型（Brut）起泡酒就是赛汀酒（Satèn）。它能将品尝演变成一种香味和口味交融的愉快体验。

像许多醇烈、果味浓郁的奥地利高级优质葡萄酒（Prädikatswein）那样的天然甜酒，法国朗格多克－鲁西永大区的麝香葡萄酒（Muscat），以及像意大利的莫斯卡托·阿斯蒂、阿斯蒂·斯普曼特、布拉切托·达克西、卡斯特努沃·顿博斯科的马尔瓦西亚这些鲜美清淡的葡萄酒，与吉安杜佳棒或巧克力搭配起来都毫无违和感。

巧克力与所有种类的帕赛托（passito）葡萄酒都能搭配出珠联玉映的效果。无论酿制用的是留在藤上熟透的葡萄，还是成串留在地窖架上任其枯干的葡萄，或者是如色泽金黄、太阳般温暖了潘泰莱里亚岛的帕赛托葡萄，又或是散发着红果鲜香的厄尔巴岛阿利蒂科葡萄（Aleatico），概莫能外。潘泰莱里亚岛的帕赛托葡萄更适合搭配开心果巧克力或克里米诺这样的甜咸巧克力，而阿利蒂科则更适合搭配60%至75%的黑巧克力。除了著名的意大利帕赛托，欧洲名酒还有法国的苏玳（Sauternes）、匈牙利的托卡伊（Tokaj）、德国和奥地利的冰酒（Eiswein，其实不是帕赛托，而是用冬季收获的葡萄酿造，然后“冷冻”起来）。这些是现存最甜、最浓的葡萄酒之一。它们与黑巧克力以及75%的浓巧克力（如蒙特祖玛碎仁巧克力或鱼子酱巧克力）是最佳伴侣。

加烈葡萄酒

所谓“强化”或“烈性”葡萄酒，是指在发酵过程中加入酒精的葡萄酒。加烈葡萄酒用来制作巧克力酒心，佐餐甜点和点心也都曼妙无比。欧洲名牌有葡萄牙的波尔图（中断发酵法酿制）、西班牙的赫雷斯（英语称雪利酒）、法国的巴尼于勒（来自法国南部、靠近西班牙边境的一款酒，极受欢迎）和皮诺甜酒（三分之一干邑白兰地和三分之二葡萄汁，产于多尔多涅省）以及意大利的马尔萨拉和栎树林佳味白葡萄酒（Barolo Chinato）。

几十年前还鲜为人知的栎树林佳味白葡萄酒，如今由于“诸神之食”的加入而正在经历一场华丽重生。它是一种万能的“仙液”，19世纪末在皮埃蒙特的朗格山上问世。由于在高贵的葡萄酒中使用了香料调味，这款酒芳香四溢，呈红琥珀色。可以在冥想中就着黑巧蛋糕啜饮，一种舍我其谁的“霸气”便会油然而生。作为开胃酒，它可与蜜制巧克力柑皮冷搭，会产生意想不到的效果。

还有一个做法，是按照古方与都灵红味美思搭配（这招能令许多小作坊起死回生）。因此，和可可搭配的归根结底不是开胃酒，而是“异想天开”的金点子。

蒸馏酒

几乎所有的蒸馏酒都与巧克力蛮搭的。除了波尔图酒之外，人们一度只建议用它和巧克力搭配。

桶中提炼的烈酒与木头长期接触，变得丝滑绵柔，对"诸神之食"百依百顺。烈酒的世界比加烈葡萄酒的更为广阔，经与度数较低的酒相结合，可以产生令人惬意的口感。例如，在阿马尼亚克酒（Armagnacs）和法国干邑白兰地系列中，必须得挑选带有缩写字母 XO（特陈）、超过 6 年的年份酒。就威士忌来讲，最好选择纯苏格兰麦芽威士忌（严格与黑巧克力搭配）。泥炭（peaty）威士忌可谓尽善尽美，应与用特性鲜明的可可制作的苦巧克力一道品尝，比方说 70% 的厄瓜多尔福拉斯特罗，或是带有榛子和杏仁味的特黑克里米诺。美国波旁威士忌也很不错，带有明显的烟熏味，与鲜香馥郁的可可非常般配，比如说芳香的雪茄巧克力或 75% 的蒙特祖马可可粒。

此外，日本混合巧克力也大有市场，与黑巧克力是再合适不过的一对儿。强烈建议你从可可含量占比 60% 的巧克力开始品鉴，一路攀升到 75%。

由蔗糖蒸馏而成的朗姆酒，一直是巧克力的最佳拍档。中美洲地区将其称为 Ron（西班牙名字）。20 年陈酿朗姆酒搭配适合的巧克力会令你惊喜连连。如何选择合适的巧克力？只能说得凭经验，没有什么固定的标准。

正确品尝黑巧和蒸馏酒需要一定的功夫。事实上，品尝意味着了解并学习如何解读这对组合。这必须是机缘巧合，而且还得营造出一个合适的氛围才行。要正确品尝蒸馏酒，还必须备好纯净水。品尝仪式分三个基本过程，即嗅觉、视觉和味觉的盛宴。

下面，咱们共同来分享一次：

·将约1液盎司（30毫升）的蒸馏酒倒入玻璃杯，最好是高脚杯，品香效果更佳。把鼻子凑向酒杯嗅香，然后旋转杯子让酒充分氧化。现在，再闻一闻，你就会领略到扑鼻而来的其他香味。

·将玻璃杯冲着灯光举起，欣赏其金色的映象。在品尝之前，按规矩把玻璃杯握在手中，进行品酒师所称的"悟酒"。品尝是一个悠然舒缓的过程，要让每一滴酒都润泽心田，使愉悦之情尽可能久地弥漫开来。

·第一口酒将在你的嘴里释放出它的所有能量。你分明能感受到黑胡椒和咸的味道，但最终留给味蕾的还是那种悉心酿制的精致感。

这时，最好喝点纯水来"洁净"口腔，以迎接新口味的翩然而至。这一招可以让你从蒸馏酒中品出干果、鲜花、烟熏等新的香味，这取决于酒的类型。现在可以品尝巧克力了。请按第148—149页所示的五种感官的参与过程依次进行。

你首先会感受到巧克力、可可粉、糖和香草的馨香。趁着巧克力还没融化，可以细细咀嚼，从而意会不同可可浆专业完美的组合。你会惊诧于成分的均势，没有哪一种会喧宾夺主，让味觉失衡。例如，将可可的占比增加到75%，就会出现迥异的搭配，因为巧克力的气势更为显达，甚至连它的深胡桃木色也会给你同样的感觉。将一块新的巧克力棒弄碎，用鼻子闻一闻它释放出来的香味。香味更接近于苦巧克力，带有烤可可的十足韵味，辛辣中透着肉豆蔻和生姜的神韵，香草和花生酱的余味时隐时现。它在嘴里融化的速度更加缓慢。

巧克力逐渐释放的芳香层次会让你想起苦可可的味道。每种搭配都会赋予你全新的感觉，让你渴望再次尝试不同类型的黑巧，不同比例的可可，不同芳香的体验。

"诸神之食"的特点是芳香，与药剂师使用的草药很是搭调。香料与可可豆的搭配就像巧克力的历史一样悠久。肉桂、生姜、红木籽、辣椒、肉豆蔻是可可的"天然盟友"，能共同演

CUBA
Venchi
1878
DARK

绎出完美的交响。与西班牙传统密切相关的摩迪卡巧克力就是明证。多年来，托斯卡纳的许多巧克力商一直在普拉林中尝试大胆的配料，尤其是辣椒。在美国亚利桑那州的凤凰城，沙漠植物园组织过辣椒巧克力节，就像澳大利亚悉尼举办的诺拉辣椒巧克力节一样。这两个活动都备下了上千份巧克力和红辣椒的组合，看哪一张抗辣的嘴巴能在竞争中脱颖而出。在美国，人们在享用小牛扒时通常都会想到“辣椒巧克力”沙司。

香料和水果

水果在巧克力中的应用是最近的事，但为越来越多的巧克力控所信服。当然，坚果是蛋糕、奶油、慕斯和糕点的完美选择。技术熟练的巧克力师会用核桃、榛子、杏仁、开心果来制作令人难忘的夹心软糖或脆巧克力棒。从18世纪开始，水晶蛋糕摊上摆满了外覆巧克力的蜜饯橘皮。喝早咖啡或下午茶的时候，它们简直就是一种难以抵挡的诱惑。

对于新鲜水果，除了巧克力火锅的做法，你还可以考虑用单一产地黑巧克

力来做文章，其中的可可在种植园里经历的芳香进化结果，与我们所熟知的水果香味非常相似。例如，马达加斯加的桑比拉诺（Sambirano）就有芭蕉和香蕉的味道，委内瑞拉的波赛拉娜（Porcelana）蕴含熟樱桃的味道，而秘鲁的皮乌拉（Piura）则挥散着柠檬和柑橘的味道。

异国情调的百香果、香蕉和菠萝通常是甘纳许的配料，可以做成美味的普拉林，也可以制成巧克力杏仁饼。法国巧克力大师们最精通此道。另外，椰子搭配白巧克力、巧克力棒或糖果咸宜。

在法国，一代又一代的孩子早餐时都会喝上一杯添加速溶香蕉味谷物巧克力粉的热牛奶。这是 20 世纪初由巴纳尼亚（Banania）品牌推出的产品，灵感来自于尼加拉瓜传统混合饮料。在美国，1904 年始创于宾夕法尼亚州的香蕉圣代（banana split）一直是相当走俏的甜点。它只不过是一个纵向切开的香蕉，配上三勺冰淇淋和一杯浇头巧克力酱。

梨和巧克力的联袂也许最羡煞旁人，因为可可的甘醇热烈与水果酸度没有形成明显的反差。最著名的特色产品是 1864 年前后巴黎大厨根据“法国轻歌剧之父”奥芬巴赫的歌剧创作的梨百丽（Poire Belle Hélène，巧克力雪梨香草冰淇淋）—— 煮熟的梨子浇上巧克力酱，配上香草冰淇淋和鲜奶油。在意大利和法国的许多地区，都有用可可粉或磨碎的黑巧制作栗子软蛋糕的传统。

享用巧克力火锅（Fondue au Chocolat）当然算是一个令人垂涎三尺的社交时刻。这是一种将液态奶油、黄油、糖和黑巧克力片混合加热制成的火锅。将其置于餐桌中央的加热盘上，饕餮客们用长签串上草莓、猕猴桃、香蕉、梨、桃子和杏子等新鲜水果蘸着享用。

加馅杏子不可多得。用刀一切两半后掏空，填入一大匙吉安杜佳奶油即可。

黑加仑、覆盆子、草莓的酸度非常适合在普拉林中营造出对比鲜明的味道，而酒渍樱桃则是餐后必备佳肴。

最后，在这个和谐搭配的游戏中，就连橙花和茉莉花这样的鲜花，都可以用来给巧克力增添持久的迷香。在墨西哥，木兰花成为热巧克力最后一刻的点睛之举；在罗马尼亚，玫瑰“羽化”成为果酱，用糖结晶的紫罗兰优雅地装饰着撒有黑巧克力糖霜的蛋糕。在巴洛克式杯子中盛着的“印第安汤”，用其纯正的茉莉花馨香先是征服了佛罗伦萨，随后一举攻克了欧洲宫廷。

美食咖啡

鱼子酱巧克力咖啡

1 杯意大利特浓咖啡
0.5 盎司（15 克）可可粉
1 盎司（30 克）吉安杜佳奶油
2 液盎司（60 毫升）全鲜奶
1 盎司（30 克）75% 巧克力

1 人份

将鱼子酱巧克力在小托盘上倒成约 0.2 英寸（0.5 厘米）高的均匀层。用茶匙或糕点刷在潘趣玻璃杯（punch glass）外缘口涂上吉安杜佳奶油，然后蘸进鱼子酱巧克力，直至完全沾满。

把剩下的吉安杜佳奶油放在温热的双层汽锅里加热，让其顺着杯壁内侧淌下来，在杯底形成淤积。用打泡器打出牛奶泡沫。把意大利特浓咖啡倒进杯里，在上面撒上一点可可粉，然后用泡沫牛奶加满。

闻绮诺

1 液盎司（30 毫升）液态鲜奶油
1 杯意大利特浓咖啡
3 块吉安杜奥提
可可粉调味

1 人份

用电搅拌器搅拌碗里的液体奶油至光滑状而非黄油状。用温热的双层汽锅或微波炉将吉安杜奥提融化，倒入玻璃杯中，形成完美层次。在这层柔软的奶油上，倒一杯意大利特浓咖啡，然后放一层略微超过杯子边缘的掼奶油。最后撒上一点可可粉效果会更好。

古巴朗姆酒咖啡

1 液盎司（30 毫升）陈酿朗姆酒
0.7 盎司（20 克）红糖
1 液盎司（30 毫升）半搅打奶油
1 杯意大利特浓咖啡
0.35 盎司（10 克）75% 鱼子酱巧克力

1 人份

加热爱尔兰咖啡杯，倒入朗姆酒和红糖，用长勺搅匀。然后，把意大利特浓咖啡和半搅打奶油沿着勺背缓慢倒入。在表面撒上 1/2 茶匙鱼子酱巧克力。

精致热巧

17 液盎司（500 毫升）新鲜全脂牛奶
3 盎司（90 克）75% 黑巧克力
1.4 盎司（40 克）苦可可粉
1 盎司（30 克）红糖

3 人份

把碎巧克力放入炖锅，用温热的双层汽锅一边加热融化，一边用木勺搅动。在厚底平底锅中倒入牛奶、过筛的可可粉和糖，用小搅拌器用力搅拌，放在小火上继续搅拌直至沸腾。从火上拿开凉置一会儿，然后再重复一次前面的程序。关火，逐渐加入融化的巧克力。混合均匀后，温热、天鹅绒般的巧克力就准备就绪。对于不喝牛奶的人，可以用水来代替。在这种情况下，首先加热糖水，搅拌时加入可可，制作步骤如前所述，注意避免形成结块。最后，加入融化的巧克力，使其变稠。

也可以按照下列配方制作：17 液盎司（500 毫升）牛奶，3.5 盎司（100 克）苦可可粉，1.7 盎司（50 克）蔗糖，0.7 盎司（20 克）玉米淀粉。

古巴朗姆酒

4.4 盎司（125 克）热巧克力
1 块古巴朗姆酒库尼兹巧克力
3.4 液盎司（100 毫升）掼奶油
0.35 盎司（10 克）蛋白酥饼

1 人份

用小刀轻轻地把朗姆酒库尼兹巧克力底部打开，然后用刮刀（或糕点刷）抠出馅料，将其摊在玻璃杯口内缘上。把蛋白酥饼细碎，置于浅盘中，把杯口粘上。

把库尼兹巧克力壳和巧克力帽放进杯中，浇上热巧。用一小团掼奶油和一撮蛋白酥皮装饰。

吉安杜奥塔

4.4 盎司（125 克）热巧克力
5 块吉安杜奥提

1 人份

把 4 块碎的吉安杜奥提放进平底锅，让它们在温热的双层汽锅或微波炉里融化，用木勺搅拌，将混合物倒入玻璃杯中，然后倒入热巧克力，不要搅动。在上桌之前，把最后一整块吉安杜奥提放在上面，让它“沉溺”在这片甜蜜的海洋里。

焦糖牛轧巧克力

4.2 盎司（120 克）热巧克力
0.7 盎司（20 克）吉安杜佳奶油
4 块牛轧巧克力

1 人份

打开牛轧糖外包装，用砸肉锤在铺布砧板上把它们捣碎。然后，把 1 盎司（30 克）糖倒入不粘锅，加几滴水，文火化糖，直到出现黏性气泡。此时加入 1 盎司（30 克）榛子粒，用木勺连续搅拌。糖干后，把混合物摊在烘焙纸或大理石表面上冷却，凝固后碾碎。

用茶匙将吉安杜佳奶油涂满杯子内壁和杯口，然后充分撒上牛轧糖碎粒。最后，倒入热巧克力。

克里米诺特浓咖啡

0.7 盎司（20 克）掼奶油
0.7 盎司（20 克）皮埃蒙特棒子粒
1 份意大利特浓咖啡
吉安杜佳奶油调味

克里米诺冰淇淋

11.3 盎司（320 克）新鲜全脂牛奶
2.5 液盎司（75 毫升）新鲜液体 35% 脂肪奶油
2 盎司（60 克）榛子酱
3 盎司（90 克）蔗糖
0.5 盎司（15 克）葡萄糖
0.07 盎司（2 克）角豆粉
1 撮盐

1 人份

榛子冰淇淋：用手将牛奶、奶油、葡萄糖、蔗糖、角豆粉和盐在大碗里搅拌。经充分混合后，将混合物倒入炖锅，置于文火上，用烹任温度计测温，温度设在华氏 158 度（摄氏 70 度）。然后关火，把锅放在冷水或冰块中冷却。当温度降至华氏 122 度（摄氏 50 度）时，加入榛子酱，搅拌并再次冷却。然后将其倒入冰淇淋机中约 30 分钟。

将一大勺冰淇淋放入马提尼杯中，并用裱花袋挤出掼奶油漩涡，然后用吉安杜佳奶油装饰。

上桌前，备好咖啡，轻轻地倒进杯子里。

曼哈顿闻绮金果

5 盎司（140 克）热巧克力
1 盎司（30 克）吉安杜佳酱
2 盎司（60 克）芒果冰淇淋
1 粒皮埃蒙特烤榛子
1 片食用金箔

1 人份

用温热双层汽锅加热吉安杜佳酱，液化后倒进玻璃甜点碗，在上面加上热巧克力。冷却数分钟后，放上一勺芒果冰淇淋（草莓冰淇淋、松饼冰淇淋或姜肉桂冰淇淋均可，依个人口味而定）。

把一粒用食用金箔包好的烤榛子放到上面装饰即可。

“诸神之食”的N种烹饪法

古巴驿站巧克力店秘方

甜点抑或美食，无论巧克力以何面目呈现，都总能彰显自己独树一帜的个性。它不仅仅是创意大厨们的匠心和巧夺天工的料理。从属性上讲，可可实际上一点也不甜。初抵欧陆之际，它只被当作许多香料中的一种来为食物调味。许多世纪以来，甜食和美食之间的区别并不像今天这样泾渭分明。就像葡萄干、蜜饯、肉桂、肉豆蔻等一样，在各种肉类菜肴中加入可可司空见惯。

在今天的美味佳肴中，可可豆最醒目的两副面孔是可可粒（烤可可豆碎粒）和各种类型的巧克力。下文中向您隆重推出的古巴驿站巧克力店用“诸神之食”制作的饕餮盛宴，展示了可可这种配料的多个精彩侧面。

菜谱最后部分介绍的甜点，既有精致的高级菜肴，也有传承的私房秘制，堪称地道正宗的美食，巧克力是当仁不让的主角，而不单单是一种相映成趣的配料。

正如法国名厨奥古斯特·埃斯科菲耶（1846—1935年）在其名著《烹饪指南》中所说，专业厨师在烹饪家常美食中都有拿手绝活，巧克力慕斯就不可或缺。在皮埃蒙特南部朗格地区富有诗意的菜肴中，有一款叫作“圆帽”的布丁，用鸡蛋、糖、牛奶、碎杏仁饼、可可和咖啡做成。它的圆顶形状令人想起朗格当地农民常戴的巴斯克式帽子。

正如那不勒斯人文琴佐·科拉多在1794年出版的《巧克力与咖啡》一书中的配方突显的那样，几个世纪以来，就连冷盘的制作都与“诸神之食”如影随形。如今，巧克力口味的冰淇淋仍然是人们的最爱之一，小杯、圆筒皆成风格。还有一种浇盖黑巧克力的冰棒，1935年在意大利注册，名为“企鹅”。

每年2月2日是法国的烛光节。这是一个与异教徒有关的节庆活动，为的是迎接冬季过后的光复。这也是一次煎饼的盛宴。法国人用鸡蛋和牛奶在热板上摊制烤饼，里面加巧克力馅料或吉安杜佳酱。

“心太软”经典翻糖小蛋糕是世界各地餐厅里的珍馐，原名熔岩蛋糕（biscuit coulant），1981年由大厨米歇尔·布拉在法国中部的拉吉奥勒制成。他创新性地将甘纳许冷冻，然后包进蛋糕，烘焙后变成液体。

然而，最古老的可可配方是由墨西哥人首创的。它是所有美食的发端。

英国作家詹姆斯·朗西在他的小说《巧克力之发现》（2001年）中提及了这一配方。他讲述了美丽的土著姑娘伊格娜西娅和西班牙无敌舰队军官之间的浪漫故事。伊格娜西娅用调料和可可调味的火鸡征服了“敌人”的心。人们认为，巧克力酱汁（mole poblano）是受阿兹特克人和征服者交织影响的菜品。这种烹饪方式源于距首都墨西哥两个小时车程的普埃布拉市，由圣罗莎修道院的修女们在18世纪发明。前哥伦布时期，火鸡是人们在农场上饲养的唯一一种动物。修女们用辣椒、杏仁、西红柿、芝麻、葡萄干、各种香料和可可混合制成沙司（当地语言称之为mulli）来烹调火鸡肉。在今天的墨西哥，各种酱汁俯拾皆是，与肉和玉米粽（玉米饼的一种）一起食用。在用巧克力烹制的拉丁美洲菜肴中，危地马拉汤在欧洲有一定人气。它是一款非常美味的鸡汤，里面有切碎的杏仁、可可和红辣椒粉。受到这些新西班牙美食的启发，欧洲巴洛克贵族的大厨们才能够在目不暇接的美味食谱中一显身手。在如今的西班牙、法国和意大利，仍能觅得来自遥远异域的佳肴仙踪。这就足以显示了加泰罗尼亚龙虾（用辣椒、可可粉和白兰地烹饪）或巴伦西亚的皮卡达（Picada，和肉类搭配的浓汁，由大蒜、藏红花、陈面包、杏仁、香料和可可制成）的前世今生。巧克力酱菲力牛排是经典法国菜品，用巧克力和浓缩红酒制成的酱汁调味。此外还有兔肉，可可有助于去除野味的腥臊。类似这样有趣甚至略显怪异的搭配远不止这些，比如巧克力香橼酱、吉安杜佳汁鹅肝，等等。

谈到野味，意大利美食中有一个经典配方，佩莱格里诺·阿图西在《厨房科学与美食艺术》（1891年）一书中将其称为国家遗产。这种“甜蜜蜜”（Cignale dolce forte）酱汁用“葡萄干、巧克力、松子、蜜饯、糖和醋”调制而成。在意大利南部，一些传统的巧克力菜肴仍然十分盛行，例如坎帕尼亚的巧克力血肠和阿马尔菲海岸修道院修女们的地道拿手菜巧克力茄子。

此外，还有征服了盎格鲁–撒克逊世界、蜚声全球的美国酱汁，当然还不止于此。还有非洲裔美国电视节目主持人奥普拉·温芙瑞在网站上推出的“巧克力沙拉酱”（由可可粒、橄榄油、葱花、盐和辣椒制成），以及家喻户晓的、用来和炭火烧烤的肉类搭配食用的巧克力烧烤酱。

从下面的菜谱中大家能看出来，厨房创意可以天马行空，不拘一格。只要有巧克力的点化，无论什么样的菜肴，都能让人一饱口福，回味无穷。

克里米诺鹅肝

6 人份

克里米诺

4.2 盎司（120 克）鹅肝

6.3 盎司（180 克）油炸土豆

1 盎司（30 克）可可脂

1.7 液盎司（50 毫升）陈酿柯基味美思

1 块 75% 黑巧克力

2 片月桂叶和 1 瓣丁子香

粗盐调味

华夫

1.8 盎司（50 克）煮红豆

1.8 盎司（50 克）煮扁豆

1 根大葱

0.7 盎司（20 克）可可脂

1 杯蔬菜汤

盐和胡椒调味

备餐时间 50 分钟，总计 2 小时

克里米诺：将鹅肝切成块，在不粘锅中与 0.7 盎司（20 克）可可脂、月桂叶和丁子香一起翻炒。倒入味美思慢炖。炖熟后，把剩下的可可脂搅拌、过滤入锅，让油脂凝固。用粗盐覆盖土豆，在华氏 320 度（摄氏 160 度）的烤箱中烤 1 小时，然后趁热去皮，用捣碎机捣碎，再用盐和胡椒调味。取一个 7 英寸（18 厘米）见方、1 英寸（3 厘米）高的模具（最好是硅胶模具）。用抹刀先铺一层 0.4 英寸（1 厘米）厚的鹅肝酱，然后铺一层等高土豆泥，最后再铺一层鹅肝酱。抹平后放入冰箱冷却。

华夫：将大葱切碎，用可可脂轻煎一下，倒入豆子和蔬菜汤，小火煮 20 分钟。豆子变软时，用手动搅拌器搅拌。用抹刀在烤盘垫纸上涂上薄薄一层。在华氏 356 度（摄氏 180 度）温度下烘烤数分钟，变成脆片即可。

把克里米诺从烤箱里取出，分成方形 6 等份，置于 6 个盘子中，上覆细磨黑巧克力，配脆华夫饼一块。

鱼子酱巧克力牛肉末

6人份

17盎司（480克）法索内牛柳
6茶匙鱼子酱巧克力或可可粒
6枚鸡蛋
6.3盎司（180克）食盐
4.2盎司（120克）糖
1束蒲公英
3片蒙特罗索凤尾鱼片
2盎司（60克）奶油鳀鱼酱
3.5盎司（100克）蓝朗格羊奶干酪
特级初榨橄榄油、盐和胡椒调味

备餐时间15分钟，总计24小时

盐糖混合。打碎鸡蛋，把蛋黄分别留在半个蛋壳里，然后放入碗中，用混好的盐糖在蛋黄上撒匀，腌制24小时，直到蛋黄黏稠紧实。

切好凤尾鱼，均匀拌入黄油，做成6个核桃大小的鱼丸。

在砧板上用大刀把肉剁碎后放到碗里，加入切碎的蒲公英、初榨橄榄油、盐、胡椒粉少许，用鱼子酱巧克力点缀。用直径3英寸（8厘米）的圆形食品模具分份、摆盘。

用冷水轻轻漂洗腌制好的鸡蛋，除去残留的糖和盐，然后放在肉旁，配上一勺奶油鳀鱼酱和两片薄薄的羊奶干酪。

开心果棒

6 人份

2.2 磅（1 千克）新鲜菠菜
2.2 磅（1 千克）白薯
2.2 磅（1 千克）紫薯
4.4 磅（2 千克）粗盐
8.8 盎司（250 克）罗卡韦拉诺罗比奥拉山羊奶酪
3.5 盎司（100 克）咸白巧克力
4.2 盎司（120 克）去壳勃朗特开心果
4.2 盎司（120 克）可可脂
1 汤匙新鲜百里香
特级初榨橄榄油、盐和胡椒调味

备餐时间 90 分钟

将白薯放入烤盘中，用粗盐覆盖，在华氏 320 度（摄氏 160 度）的烤箱中烤 1 小时。趁热用叉子去皮压碎，加上可可脂、盐和胡椒粉。

紫薯处理步骤同上，加入可可脂和百里香。把菠菜蒸上数分钟，控干，挤水，切碎，用特级初榨橄榄油和盐调味。在华氏 266 度（摄氏 130 度）的烤箱中将开心果烘烤 10 分钟，然后用食品加工机将其粉碎。

把白巧克力弄碎，将其放入温热的双层蒸锅里融化。然后，用小的搅拌器手工搅打，放入山羊奶酪，制成混合均匀的奶油。

在 2 英寸（5 厘米）高的长方形不锈钢烤盘里，用抹刀摊层。一半菠菜垫底，然后依次为紫薯泥、山羊奶酪、巧克力奶油、白薯泥，最后是另一半菠菜罩顶。撒上大量开心果粒，放进冰箱凝固即可。

上桌时分成 6 份。

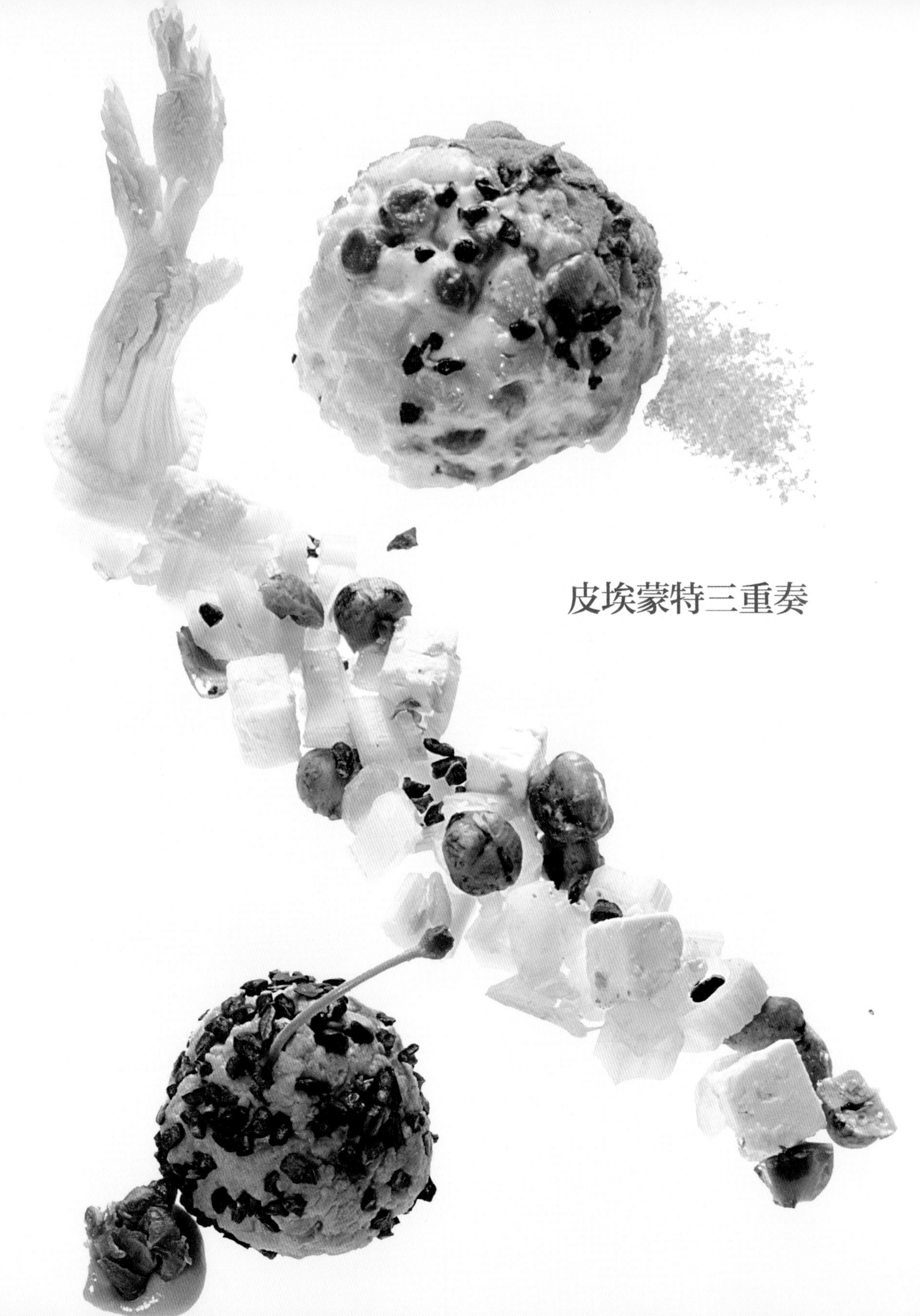

皮埃蒙特三重奏

6 人份

俄式鱼子酱巧克力

3.5 盎司（100 克）豌豆
3.5 盎司（100 克）土豆
3.5 盎司（100 克）胡萝卜
1 盎司（30 克）熟红甜菜根
3.5 盎司（100 克）罐装盐水金枪鱼
3.5 盎司（100 克）自制浓蛋黄酱
1 汤匙白醋
75% 鱼子酱巧克力或可可粒调味
姜黄粉和盐调味

备餐时间 30 分钟，总计 1 小时

将胡萝卜和土豆削皮切块。和豌豆一起，把所有蔬菜放在蒸锅里蒸约 20 分钟，然后冷却。把甜菜根削皮切成小块。把全部蔬菜在沙拉碗中码好，加入切碎的金枪鱼，用 1 汤匙醋和一撮姜黄粉和盐调味。然后，与蛋黄酱轻轻混合，加入一些鱼子酱巧克力粒。

将其制成小的餐前开胃丸即可。

西芹番茄奶酪

1 盎司（30 克）皮埃蒙特咸烤榛子
1 盎司（30 克）白巧克力
5.3 盎司（150 克）托马·德阿尔巴硬奶酪
3 根芹菜
1 个有机柠檬
特级初榨橄榄油
盐和胡椒调味

备餐时间 15 分钟，总计 15 分钟

将芹菜去筋，用刀切成方块。把奶酪也切成方块，白巧克力切成小片，咸榛子压成碎粒。将各种备料放到碗里，用初榨橄榄油、盐和磨碎的柠檬皮调味。

金枪鱼汁冷牛肉

14 盎司（400 克）法索内牛柳
7 盎司（200 克）罐头金枪鱼
3 条蒙特罗索盐腌凤尾鱼
3 枚鸡蛋
3 粒腌渍刺山柑
6 朵刺山柑花
2 盎司（60 克）可可粒
特级初榨橄榄油调味

备餐时间 40 分钟，总计 1 小时

将探针温度计刺入牛排中央，放入真空烤箱，在低温（华氏 118 度 / 摄氏 48 度）下烤制约 1 小时。

金枪鱼汁：把鸡蛋煮熟，蛋黄放入碗中，加入几滴特级初榨橄榄油乳化。将切碎的金枪鱼、凤尾鱼和刺山柑放在一起，用木勺渐次搅拌至蛋黄酱一样的酱汁。

让肉冷却，然后用大刀在砧板上剁碎。把金枪鱼汁和肉搅拌均匀，然后做成 6 个小梨形摆盘，上撒可可粒，在每个梨子的顶端放一朵刺山柑花。

黑巧克力意大利烩饭

6 人份

浓汁

4.4 磅（2 千克）牛骨

3.5 盎司（100 克）胡萝卜

3.5 盎司（100 克）圆葱

1 根粗芹菜

1.7 磅（1 升）内比奥罗红葡萄酒

1.7 盎司（50 克）100% 厄瓜多尔黑巧克力

1/2 茶匙肉豆蔻

5 瓣丁子香

盐和胡椒调味

卡那罗利烩饭

17 盎司（480 克）卡纳罗利米

2 根大葱

3.5 盎司（100 克）可可脂

1 杯干白葡萄酒

3.5 品脱（2 升）蔬菜浓汁

4 汤匙磨碎帕马森干酪

2 头剥片洋蓟

精盐调味

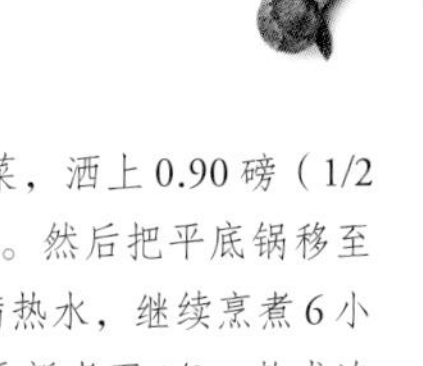

备餐时间 40 分钟，总计 2 天

浓汁：把碎牛骨放到平底锅里，加入香料和洗净粗切的蔬菜，洒上 0.90 磅（1/2 升）红酒，在华氏 212 度（摄氏 100 度）的烤箱中烤制 12 小时。然后把平底锅移至低火上，加入巧克力，倒入剩下的葡萄酒。蒸发一会儿后，加满热水，继续烹煮 6 小时。滤好后放入冰箱中固化 6 小时，然后撇除表面油脂部分。重新煮至 1/3，熬成浓汁即可。

卡那罗利烩饭：在平底锅中，用 2 盎司（60 克）可可脂翻炒切好的大葱，放入米饭翻炒后倒入白葡萄酒搅拌。每次加入煮沸的蔬菜汤少许，搅拌，加入 6 汤匙浓汁。将米饭煮 15 分钟，然后关火，加入 1.4 盎司（40 克）可可脂和磨碎的帕马森干酪搅拌。

烩饭上桌时，在中间倒入浓汁，用炒洋蓟片装饰。

可可意大利饺

6 人份

馅料

27 盎司（200 克）牛肉碎

3.5 盎司（100 克）猪肉香肠

3.5 盎司（100 克）猪肉排骨

2 汤匙磨碎帕马森干酪

6 汤匙浓汁（见第 189 页配方）

2 杯干白葡萄酒

1 撮肉豆蔻

2 瓣大蒜

2 枝迷迭香

4 汤匙特级初榨橄榄油

盐和胡椒调味

新鲜意大利面

13.4 盎司（380 克）通用面粉（00 类）

2.8 盎司（80 克）小麦粗面粉

10 个蛋黄

0.30 盎司（8 克）可可粉

盐调味

调料

1 个甜椒

1 个西兰花

2 根胡萝卜

4 根芦笋

3 小朵花椰菜

特级初榨橄榄油调味

备餐时间 50 分钟，总计 2 小时

馅料：在平底锅中，用油、大蒜和迷迭香将牛肉和香肠煎成褐色。用盐和胡椒调味，倒入葡萄酒慢炖。加入排骨，继续煮数分钟。用食品加工机切碎肉类，加入帕马森干酪、浓汁和肉豆蔻。

饺子：将面粉和可可粉筛在面板上，堆成中空井状，把蛋黄放在中央。先用叉子搅拌，然后用手使劲揉成光滑面团，用毛巾盖住，放入冰箱静置半小时。用擀面杖把面团擀成薄片，切成 3 厘米见方。在每张饺皮中间放上一份馅料，包起来用面团滚轮压点器压严实，用手捏角。

调味蔬菜：将蔬菜洗净切成方块，放入蒸锅的专用篮中蒸煮，然后放入煎锅，用 2 汤匙油翻炒。

将可可饺放入加盐的沸水中煮 3 分钟，沥干水，倒入煎锅中，和蔬菜混炒 1 分钟后即可出锅。

鱼子酱巧克力大虾

6 人份

2 个石榴
6 只大虾
7 盎司（200 克）布拉塔奶酪
1 个有机柠檬
5 汤匙鱼子酱巧克力
0.5 盎司（15 克）食用琼脂
1 枝鲜百里香

备餐时间 20 分钟，总计 4 小时

打开石榴，取出籽粒搅拌，用细筛将汁水过滤，用百里香调味，放入琼脂并搅拌使其溶化。将混合物放入 6 个 0.4 英寸（1 厘米）高的圆形模具中，在冰箱中凝固至少 3 个小时。在奶酪中间撒一点磨碎的柠檬皮调味。

去除虾壳和虾线。

上菜时，从冰箱里取出石榴冻，在模具中取出装盘，上面放一勺奶酪和一只大虾，撒上一点磨碎的柠檬皮。

把鱼子酱巧克力撒满全盘。

果仁巧克力虾

6 人份

18 只鲜虾

2 枚鸡蛋

5.3 盎司（150 克）皮埃蒙特烤榛子

1.8 盎司（50 克）米粉

12 盎司（350 克）扁豆

1.7 品脱（1 升）蔬菜肉汤

1.8 盎司（50 克）可可粒

2 盎司（60 克）可可脂

1 小枝鲜百里香

1 片鲜姜

1 个有机柠檬

盐和胡椒调味

煎炸食用植物油调味

备餐时间 30 分钟，总计 1 小时

在平底锅中，用 1.4 盎司（40 克）可可脂炒小扁豆，加入香料调味，然后倒入蔬菜浓汤，煮 25 分钟，软烂后关火冷却，用手动搅拌器搅成柔软的糊状。保温放置。

去除虾头、虾腿和虾壳，将虾清洗干净、晾干。用深盘子将鸡蛋打好。把榛子放进食品加工机，一半打成颗粒，另一半打成细粉。把米粉和榛子拌匀，蘸虾。然后浸泡蛋液，最后蘸上榛子粒。用盐和胡椒调味。

在大平底锅里热油，加入一些可可脂。放入大虾，炸成焦黄，然后在吸油烹饪纸上吸干，串在木肉扦上。

在每个盘子上放 2 汤匙扁豆奶油，然后在上面放一个炸虾。撒上可可粒即可食用。

吉安杜佳玉米糊珍珠鸡

6 人份

6 只珍珠鸡腿
17 盎司（480 克）有机玉米面
3.5 盎司（100 克）可可脂
1 束紫菊苣
2.6 品脱（1.5 升）水
3 块吉安杜奥提
1 个有机橙
3.5 盎司（100 克）可可粒
1 束新鲜百里香
2 汤匙特级初榨橄榄油
盐和胡椒调味

备餐时间 2.5 小时，总计 2 小时 50 分钟

将锅中水烧开，加盐和 2 汤匙特级初榨橄榄油，然后关火。倒入玉米粉中，用搅拌器用力搅拌。蒸制 90 分钟。将 6 个模具事先刷上可可脂，撒上可可粒，然后将蒸制的玉米面放入，中间放半块吉安杜奥提。

将珍珠鸡腿去骨，用捣具捣打，加入切成片的紫菊苣、一滴特级初榨橄榄油、半茶匙可可粒和磨碎的桔皮。用盐和胡椒调味，撒上新鲜百里香。

把剩下的可可脂放进烤箱或微波炉融化，然后刷在肉的表面。将鸡腿放进烤箱焙盘，做成圆形。在华氏 374 度（摄氏 190 度）的温度中烤制 15 分钟。同时，烘烤每个玉米糊模具。趁热将模具取出，把珍珠鸡腿和吉安杜佳玉米糊饼一起上桌。

可可心片

6 人份

6 份牛柳
5 个中等大小的土豆
5.3 盎司（150 克）可可脂
12 汤匙可可浓汁（见第 189 页配方）
1 液盎司（30 毫升）白兰地
2 枝迷迭香
盐和胡椒调味

备餐时间 25 分钟，总计 40 分钟

土豆去皮、洗净，切成 0.25 英寸（0.5 厘米）厚的薄片。在大平底锅中与迷迭香和可可脂一起煮至褐色。关火保温。

事先用蒸锅将可可脂融化，用 1.8 盎司（50 克）的可可脂涂抹牛柳，用盐和胡椒调味。

把剩下的可可脂放到不粘锅里，小火保温，用迷迭香调味。把牛柳放进去，两边煎成褐色，记住只翻动一次。倒入白兰地，任其蒸发。

同时，加热浓汁。上菜时，每个盘子里放一份牛柳，倒上 2 勺浓汁，周围堆上土豆片。

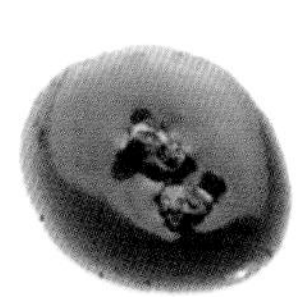

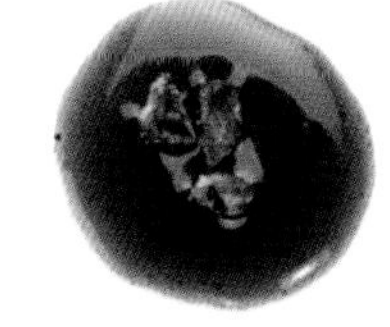

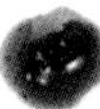

超级眼泪

6 人份

6 盎司（175 克）75% 黑巧克力
4.4 盎司（125 克）牛油
3.9 盎司（110 克）糖
1 盎司（30 克）超级吉安杜佳酱
1 盎司（30 克）通用面粉（00 类）
3 枚鸡蛋
6 汤匙蛋奶沙司

备餐时间 30 分钟，总计 45 分钟

用电搅拌器把鸡蛋和糖打成轻柔蓬松的混合物。加入筛过的面粉，每次少许，用手搅打直到混合均匀。把牛油和切碎的巧克力放入平底锅，用蒸锅或微波炉小火融化。巧克力融化即放置冷却，然后加到打过的鸡蛋里。

在 6 个圆形模具（最好是硅胶模具）的缘口下至 3/4 处涂上牛油，然后将准备好的混合物倒入一半。将一茶匙吉安杜佳奶油放在中间，在华氏 374 度 /392 度（摄氏 190 度 /200 度）的预热烤箱中烤上 10 分钟。

蛋糕从烤箱里拿出来后先冷却一下，然后从模具中取出。上桌时配一勺橙汁调味的蛋奶沙司。

黑松露吉安杜佳牛轧蛋糕

6 人份

8.8 盎司（250 克）75% 黑巧克力
7 盎司（200 克）通用面粉（00 类）
4 液盎司（120 毫升）鲜奶
5.3 盎司（150 克）鲜掼奶油
3.5 盎司（100 克）脆牛轧
3.5 盎司（100 克）吉安杜奥提
3.5 盎司（100 克）牛油
3.5 盎司（100 克）糖
1 小袋发酵粉
4 枚鸡蛋

备餐时间 50 分钟，总计 90 分钟

把厚底平底锅放在温热蒸锅里，将牛油和巧克力融化，用木勺搅拌。然后，加入预热鲜奶，每次少许，直至搅拌成奶油。

打碎鸡蛋，将蛋黄和蛋清分开，把蛋清搅打紧实。把蛋黄和糖混合后轻轻倒入巧克力奶油中。将加入酵母的面粉过筛，每次少许，用手动搅拌器将其加入鸡蛋和巧克力混合物中。最后，缓缓加入蛋清。

用牛油涂抹糕模，撒上面粉，轻轻倒入混合物。在华氏 356 度（摄氏 180 度）的预热烤箱中烤制约 20 分钟。把可可海绵从模具里取出，翻过来冷却。

用砸肉锤将牛轧糖砸碎成小块，与掼奶油混合。把混合物填进切成两半的蛋糕。

事先用融化的吉安杜奥提制成薄巧克力条，用不锈钢抹刀将其摊在烘焙纸或冰冷的大理石表面上充分冷却，然后用抹刀把它们铲起，用这些吉安杜佳条来装饰蛋糕。

鸡尾酒时光

古巴驿站巧克力店秘方

古巴精神

1 份红味美思
1 份路萨朵开胃酒
3 份百露干型起泡酒
0.07 盎司（2 克）鱼子酱巧克力
1 块红味美思果冻

把冰块放进葡萄酒高脚杯，依次加入味美思、百露起泡酒和路萨朵开胃酒，旋转酒杯倒出。用鸡尾酒匙调匀。放入鱼子酱巧克力，将味美思果冻贴在酒杯杯口。

饮用时加两根吸管，避开冰块，吸出鱼子酱巧克力颗粒，这会使口感更加独特。

闻绮瀑布

3.4 液盎司（100 毫升）百露起泡酒

1 块咸白巧克力松露

0.1 盎司（3 克）75% 鱼子酱巧克力

将鱼子酱巧克力放入高脚杯中，倒入起泡酒。把咸松露嵌到玻璃杯口即可。

这种搭配会让你喜出望外。鱼子酱巧克力会攀附在气泡上，在酒杯里循环上升、下降，形成“瀑布遥挂前川”的效果。

起泡酒在橡木桶中升华，而巧克力则与橡木桶中的香草味融为一体。味觉得到了平衡，因为起泡酒柔顺了许多，掺进了松露和前呼后拥的可可、牛奶、榛子、杏仁、盐烤开心果的味道，令味蕾臣服。

美酒秋千

2 液盎司（60 毫升）阿斯蒂巴贝拉干红葡萄酒

1 液盎司（30 毫升）金巴利酒

1 液盎司（30 毫升）雪松苹果柑橘汽水

1 块奶酪

1 块黑巧克力

将巴贝拉、金巴利和汽水依次倒入平底直壁玻璃杯。搅拌后，与一块 60% 黑巧克力、一块皮埃蒙特番茄馅饼或一小块陈年的拉舍拉奶酪搭配食用。

这种“未来多元饮料”，原本叫作“美酒秋千”，可追溯到 20 世纪 30 年代，是在未来主义烹饪宣言盛行期创造出来的。

这款酒水的“秋千”，灵感源于嘉年华旋转秋千项目中游客要抓住的“尾巴一样的绳索”。最初的设计包括两根长牙签、尖细的巧克力块和奶酪。

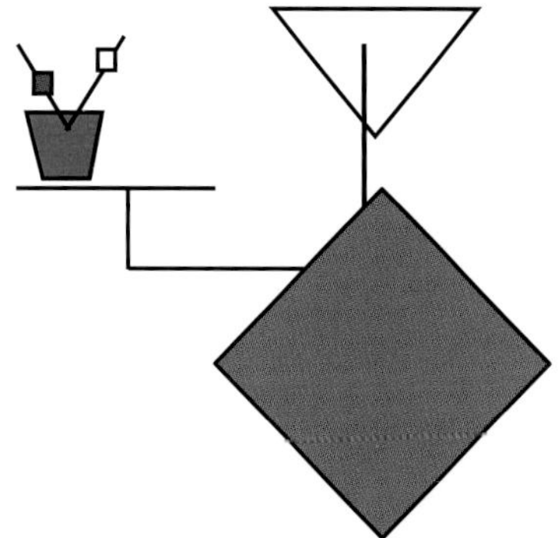

黑色渴望

1.5 液盎司（45 毫升）剧后柯基味美思
0.7 液盎司（20 毫升）格拉帕葡萄酒
0.3 液盎司（10 毫升）拉巴巴罗・祖卡酒
1 块 75% 那不勒斯黑巧克力

杯里加冰，依次倒入味美思、格拉帕和拉巴巴罗·祖卡。用鸡尾酒匙调匀。

将一块黑巧克力固定在玻璃杯边缘，用一滴巧克力作为胶水将其粘住，以渲染大黄茎和味美思的味道。

尼格罗尼

1 液盎司（30 毫升）杜松子酒
1 液盎司（30 毫升）金巴利酒
1 液盎司（30 毫升）陈酿柯基味美思
1 茶匙黑吉安杜佳酱
1 茶匙鱼子酱巧克力
1 块味美思果冻

用吉安杜佳酱涂抹玻璃杯边缘，然后撒上鱼子酱巧克力。在杯里放一块冰块，将所有原料倒入杯中，用鸡尾酒匙调匀，把味美思果冻贴在玻璃杯口即可。

完美风暴

1.7 液盎司（50 毫升）纯伏特加
0.7 液盎司（20 毫升）蓝橙力娇
2 液盎司（60 毫升）液体奶油
1.4 盎司（40 克）融化的白巧克力

把液体奶油和融化的白巧克力放进奶油枪打发。这款鸡尾酒的制作采用了一种冰上装饰手法。将伏特加和蓝橙力娇倒入盛满冰块的玻璃杯中，然后用奶油枪在“蓝色的海面”上打出“一朵白云”。

终日冥茶

1.35 液盎司（40 毫升）龙舌兰

0.3 液盎司（10 毫升）白兰地

0.5 液盎司（15 毫升）龙舌兰糖浆

0.3 液盎司（10 毫升）蛋清

0.1 盎司（3 克）中国普洱红茶（发酵）

1 块吉安杜奥提

将龙舌兰、白兰地、龙舌兰糖浆和经巴氏灭菌的蛋清倒入摇酒器中，在不加冰的情况下用力摇合，使蛋清充分混合，然后加入碎冰继续摇合，筛进玻璃杯，加入一点茶汽水，形成泡沫。

茶汽水：用华氏 203 度（摄氏 95 度）的 5 液盎司（150 毫升）水沏 2/3 克茶叶 4 分钟。冷却后用奶油枪制成汽水。

2018 年，这款鸡尾酒荣膺意大利勃朗峰茶艺大师杯金奖，享用时与吉安杜奥提是绝配。

克里米诺

1 液盎司（30 毫升）古巴朗姆酒
0.7 液盎司（20 毫升）伏特加
0.3 液盎司（10 毫升）意大利特浓咖啡
1 液盎司（30 毫升）榛子酒

榛子酒

17 液盎司（500 毫升）全脂鲜奶
17 液盎司（500 毫升）液态鲜奶油
17.5 盎司（500 克）榛子酱
9.5 盎司（270 克）纯酒

榛子酒：把牛奶和奶油加热，然后搅拌均匀，渐次加入少许榛子酱，用文火煮沸。关火冷却，然后加入纯酒拌匀。用细筛过滤后倒入瓶中，置于冰箱或阴凉处两周。

克里米诺：将古巴朗姆酒、榛子酒依次倒入高玻璃杯，最后加进之前混合在一起的咖啡和伏特加。

不同强度的味觉层次会让味蕾应接不暇，带来舌尖上的惊喜。

出版商谨此感谢闻绮（VENCHI）和乔瓦尼·巴蒂斯塔·曼特利（GIOVANNI BATTISTA MANTELLI）为本书出版所给予的不可或缺的精诚合作。他们毕生倾情于巧克力，固体、液态、冷的、热的、奶油状态，皆乐而不厌。倘若没有他们的激情、力挺和投入，这本书的付梓就看不到希望。还要衷心感谢为在库内奥公司成功进行样品拍摄所做出贡献的每一位。同时特别感谢库内奥古巴驿站巧克力店的所有员工，包括鸡尾酒调酒师卢克和卡蒂嘉，巧克力和糕点师西尔瓦娜、贝佩、维维安、丹妮拉、米洛萨、蒂齐亚纳和克里斯蒂娜，负责摆盘的多梅尼卡和索尼娅，以及负责自助餐厅的西蒙娜和伊玛德。

配方原料索引

作者简介

克拉拉·瓦达·帕多瓦尼（Clara Vada Padovani）、**吉吉·帕多瓦尼**（Gigi Padovani），这对撰写意大利美食的“巧克力伉俪”，是美食历史学家和美食故事大王。他们创作了大约30本书，这些书被翻译成了6种语言。

克拉拉·瓦达·帕多瓦尼是一名数学教授，也是对烹饪史颇有研究的美食评论家。在她出版的书中，有的是独立编写，有的是与丈夫联袂完成的。与吉吉合作的有：《善哉意大利》《尝遍意大利街头美食》《提拉米苏》《幸福秘方》。她还写过两本畅销书：《西番莲》和《甜蜜的阳光》（与糕点大厨萨尔瓦托雷·德·里索合著）。

吉吉·帕多瓦尼系为《新闻报》效力30余年的专业记者，现为多家报纸供稿。他还是意大利烹饪学院国家研究中心的研究员、“意式浓缩咖啡餐厅指南”的美食评论家。他的著作有些是和妻子克拉拉共同完成的，有些则是独立编写的，如《坚果世界》《畅饮的艺术》《慢食》，及与卡洛·彼得里尼合著的《乌托邦史》等。

网址：www.claragigipadovani.com

法比奥·彼得罗尼（Fabio Petroni），作为受过专业训练的摄影师与业内最资深的专业人士有过合作，专门从事肖像和静物摄影。多年来，他拍摄了大量意大利文化、医学和经济界的领军人物，与广告大鳄们有过密切合作，为享誉世界的公司多次成功策划过广告推介活动。他还是意大利高端品牌的形象策划，国际障碍赛骑师俱乐部（IJRC）和青年骑手学院（YRA）的官方摄影师。

网址：www.fabiopetronistudio.com

图片来源

书中所有照片均由法比奥·彼得罗尼拍摄，但下列图片除外：

第 2—3 页 Fine Art Images/Heritage Images/Getty Images

第 12—13 页 ifong/123RF

第 18 页 The Granger Collection/Alamy Stock Photo

第 19 页 DeAgostini/Getty Images

第 20 页 Aztec/Brooklyn Museum of Art, New York, USA/Museum Collection Fund/Bridgeman Images

第 21 页 DeAgostini Picture Library/Scala, Florence

第 22 页 Mayan/Indianapolis Museum of Art at Newfields, USA/Gift of Bonnie and David Ross/Bridgeman Images

第 25 页左 Francisco Valdez/IRD, FRANCE

第 25 页右 Jean-Pierre COURAU/Gamma-Rapho via Getty Images

第 26 页上 Princeton University Art Museum — Art Resource NY — Scala, Florence

第 26 页下 olneystudio/Alamy Stock Photo

第 27 页 Werner Forman/Universal Images Group/Getty Images

第 28 页 The Granger Collection/Alamy Stock Photo

第 30 页 Private Collection/Photo © Christie' s Images/Bridgeman Images

第 31 页 Archaeological And Art Museum Photo by DeAgostini/Getty Images

第 32 页左 age fotostock/Alamy Stock Photo

第 32 页右 Rijksmuseum, Amsterdam, The Netherlands/Bridgeman Images

第 33 页左 De Agostini Picture Library/A. Dagli Orti/Bridgeman Images

第 33 页右 Museum of Fine Arts, Houston, Texas, USA/The Bayou Bend Collection, museum purchase funded by Mrs. James Anderson, Jr. and Jas A. Gundry/Bridgeman Images

第 34 页上 Artokoloro Quint Lox Limited/Alamy Stock Photo

第 34 页下 FOR ALAN/Alamy Stock Photo

第 35 页上 Artokoloro Quint Lox Limited/Alamy Stock Photo

第 35 页下 Antique Porcelain Company, London, UK/Bridgeman Images

第 36—37 页 Guillem Fernández Huerta/Barcelona Design Museum

第 38 页 Kunsthistorisches Museum, Vienna, Austria/Bridgeman Images

第 39 页 Photo Josse/Scala, Florence

第 41 页 Centro de Estudios de Historia de Mexico Carso Fundación Carlos Slim (CC BY 4.0)

第 43 页 Photo Scala, Florence

第 44 页 Archivart/Alamy Stock Photo

第 45 页 Cragside, Northumberland, UK/National Trust Photographic Library/Bridgeman Images

第 46 页 Collezione Clara e Gigi Padovani

第 47 页 Bibliotheque des Arts Decoratifs, Paris, France/Archives Charmet/Bridgeman Images

第 48 页 Pictorial Press Ltd/Alamy Stock Photo

第 49 页 North Wind Picture Archives/Alamy Stock Photo

第 50 页 Successori Caffarel Prochet & C.ia, Treviso, Museo nazionale Collezione Salce - Polo Museale del Veneto, "by courtesy of Ministero per i beni e le attività culturali"

第 51 页 Moriondo & Gariglio, Treviso, Museo nazionale Collezione Salce - Polo Museale del Veneto, "by courtesy of Ministero per i beni e le attività culturali"

第 52 页 Swim Ink 2, LLC/CORBIS/Corbis/Getty Images

第 53 页 Venchi Archives

第 54 页 Cappiello Leonetto, Cioccolato Venchi, Treviso, Museo nazionale Collezione Salce - Polo Museale del Veneto, "by courtesy of Ministero per i beni e le attività culturali"

第 55 页 Pozzati Severo (Sepo), Nougatine Unica, Treviso, Museo nazionale Collezione Salce - Polo Museale del Veneto, "by courtesy of Ministero per i beni e le attività culturali"

第 56 页 Swim Ink 2, LLC/CORBIS/Corbis/Getty Images

第 57 页 PVDE/Bridgeman Images

第 58 页 Private Collection/Photo © Christie' s Images/Bridgeman Images

第 59 页 Le Monnier Henry, Tobler Cioccolato Svizzero, Treviso, Museo nazionale Collezione Salce - Polo Museale del Veneto, "by courtesy of Ministero per i beni e le attività culturali"

第 60—61 页 Fine Art Images/Heritage Images/Getty Images

第 63 页 The Advertising Archives/Alamy Stock Photo

第 64—65 页 Randy Duchaine/Alamy Stock Photo

第 67 页 Mary Evans/Scala, Florence

第 68 页 VERDEIL Matthieu/hemis.fr

第 69 页 Alejandro Rodriguez/123RF

第 71 页 chang/Getty Images

第 72 页 serezniy/123RF

第 74—75 页 Jeremy Horner/Getty Images

第 76 页 Foto di Gilberto Mora

第 77 页 Foto di Gilberto Mora

第 78 页 Paulo Fridman/Corbis/Getty Images

第 80—81 页 Michael Runkel/robertharding/Getty Images

第 83 页 DNY59/Getty Images

第 84—85 页 Dave King/Getty Images

第 87 页 National Geographic Image Collection/Alamy Stock Photo

第 89 页 StockFood Ltd./Alamy Stock Photo

第 92 页 Heritage Image Partnership Ltd/Alamy Stock Photo

第 94 页 jirkaejc/123RF

第 110 页 Luca Bonina/123RF

第 111 页 zhekos/123RF

第 114 页上 Oksana Tkachuk/123RF; shopartgallerycom/123RF

第 114—115 页 margouillat/123RF

第 121 页 Viktar Malyshchyts/123RF

第 123 页下 Eric Gevaert/Shutterstock

第 124 页下 DeymosHR/Shutterstock

第 125 页 Maksim Shebeko/123RF

第 127 页上左 homy_design/123RF

第 127 页上中 Oksana Tkachuk/123RF

第 127 页上右 siraphol/123RF

第 130 页 shutterpix/123RF

第 132—133 页 Stoica Ionela/Alamy Stock Photo

第 134 页 The Picture Pantry/Alamy Stock Photo

第 137 页 Gabrielle Grenz/AFP/Getty Images

第 141 页 serezniy/123RF

第 162 页上 ingridhs/123RF

第 162 页下 rtsubin/123RF

第 164 页 margouillat/123RF

第 166—167 页 Marcin Jucha/123RF

第 169 页左下 Anton Starikov/123RF

第 175 页左下 thodonal/123RF

第 183 页 Alexander Raths/123RF

第 189 页右 Nik Merkulov/123RF

第 204—205 页 Charles Wollertz/123RF

第 206 页右下 Brankica Vlaskovic/123RF

第 220—221 页 LightField Studios/Shutterstock

第 224 页 Dave King/Getty Images

图书在版编目（CIP）数据

巧克力百科全书 / (意) 克拉拉 · 瓦达 · 帕多瓦尼，(意) 吉吉 · 帕多瓦尼著；(意) 法比奥 · 彼得罗尼摄影摄影；张建威，张秋实译 . -- 北京：中国画报出版社，2020.10

书名原文：CHOCOLATE SOMMELIER:A JOURNEY THROUGH THE CULTURE OF CHOCOLATE

ISBN 978-7-5146-1937-9

I. ①巧 … II. ①克 … ②吉 … ③法 … ④张 … ⑤张 … III. ①巧克力糖－基本知识 IV. ① TS246.5

中国版本图书馆 CIP 数据核字 (2020) 第 179165 号

著作权合同登记号：图字 01-2020-4626

巧克力百科全书
[意] 克拉拉 · 瓦达 · 帕多瓦尼　[意] 吉吉 · 帕多瓦尼　著
[意] 法比奥 · 彼得罗尼　摄影
张建威　张秋实　译

出 版 人：于九涛
选题策划：赵清清
责任编辑：李聚慧
封面设计：王薯聿
责任印制：焦　洋
营销主管：穆　爽

出版发行：中国画报出版社
地　　址：中国北京市海淀区车公庄西路 33 号
邮　　编：100048
发 行 部：010-68469781 010-68414683（传真）
总编室兼传真：010-88417359 版权部：010-88417359

开　　本：16 开（787mm×1092mm）
印　　张：14
字　　数：140 千字
版　　次：2020 年 11 月第 1 版　2020 年 11 月第 1 次印刷
印　　刷：北京汇瑞嘉合文化发展有限公司
书　　号：ISBN 978-7-5146-1937-9
定　　价：99.00 元

封面用图：Fabrio Petroni　封底用图：zhekos/123RF